非法用电
查处与防治

广东电网有限责任公司东莞供电局

钟立华　李朔宇　主编

中国电力出版社
CHINA ELECTRIC POWER PRESS

图书在版编目（CIP）数据

非法用电查处与防治 / 广东电网有限责任公司东莞供电局，钟立华，李朔宇主编. —北京：中国电力出版社，2021.4

ISBN 978-7-5198-5535-2

Ⅰ.①非… Ⅱ.①广…②钟…③李… Ⅲ.①用电管理 Ⅳ.①TM92

中国版本图书馆 CIP 数据核字（2021）第 061095 号

出版发行：中国电力出版社
地　　址：北京市东城区北京站西街 19 号（邮政编码 100005）
网　　址：http://www.cepp.sgcc.com.cn
责任编辑：岳　璐（010-63412339）
责任校对：黄　蓓　于　维
装帧设计：郝晓燕　张俊霞
责任印制：石　雷

印　　刷：北京博图彩色印刷有限公司
版　　次：2021 年 4 月第一版
印　　次：2021 年 4 月北京第一次印刷
开　　本：710 毫米×1000 毫米　16 开本
印　　张：8
字　　数：109 千字
印　　数：0001—1000 册
定　　价：58.00 元

编　委　会

前　言

　　近年来，面对电力改革深化、营商环境优化等新形势和工作的挑战，供电企业在市场经济中的服务主体地位越来越明确，更要勇于承担社会责任，积极促进非法用电防治工作的规范化和制度化，形成全方位、综合性的非法用电查处及防治管理方略。

　　为进一步提升供电单位非法用电查处及防治管理效果，广东电网有限责任公司东莞供电局供电服务中心在对非法用电查处及防治管理研究总结的基础上，构建非法用电防范管理策略，形成体系化、模式化、流程化、信息化的综合管理策略，促进防治非法用电管理工作的有效开展。同时，为加强对近年来高科技、组合型非法用电案例查处要点剖析，本书结合典型非法用电案例的查处经过，全景化展现非法用电现场查处和防范管理的重点、难点，并提出相应的整改防范措施，以全面提高工作成效。本书包括4章，第1章为非法用电背景及基础知识，第2章为构建非法用电查处及防范管理策略，第3章为非法用电查处及防治要点与方法，第4章为非法用电查处与防范案例。

　　本书理论意义和实际案例参考价值较强，不仅可作为供电企业一线用电检查工作人员学习使用，也可供电力企业管理人员阅读参考，或供相关岗位的培训使用。本书在编写过程中得到了相关单位的大力支持，参考了很多相关资料和文件，在此一并表示衷心的感谢。

由于编写水平有限，疏漏之处在所难免，恳请各位领导、专家和读者提出宝贵意见。

编　者
2021.3

目　录

第 1 章

非法用电背景及基础知识

1.1 概　　述

电能作为一种特殊商品，其产、供、用在同一时刻完成。为了贸易结算，电能从发电厂到用户期间的升压、输送、降压等过程均有电能计量装置。受利益驱动，有电经过、有用电需求的地方就有非法用电行为发生。

非法用电行为是指非法使用电能、盗窃供电企业电费的犯罪行为。非法用电行为包括窃电、违约用电等。自从电能商业化以来，非法用电行为屡禁不止，严重扰乱了电力市场秩序，对正常的电力交易有着直接的危害和威胁。

根据《中华人民共和国电力法》（简称《电力法》）、《中华人民共和国电力供应与使用条例》（简称《电力供应与使用条例》）、《中华人民共和国供电营业规则》（电力工业部第 8 号令）（简称《供电营业规则》）、《广东省供用电条例》（广东省第十二届人大常委会公告第 77 号）、《广东省人民检察院、广东省高级人民法院、广东省公安厅、广东省电力工业局关于办理窃电案件的意见》（粤检字〔1999〕第 1 号）、《中华人民共和国刑法与相关司法解释》《中华人民共和国民法典》（2021 年 1 月 1 日起施行）等相关规定，对非法用电行为界定如下：

（1）根据《电力供电与使用条例》第三十一条、《供电营业规则》第一百零一条，以下行为属于窃电行为：

1）在供电企业的供电设施上，擅自接线用电。

2）绕越供电企业用电计量装置用电。

3）伪造或者开启供电企业加封的用电计量装置封印用电。

4）故意损坏供电企业用电计量装置。

5）故意使供电企业的用电计量装置不准或者失效。

6）采用其他方法窃电。

（2）根据《电力供应与使用条例》第三十条、《供电营业规则》第一百条，以下行为属于违约用电行为：

1）擅自改变用电类别。

2）擅自超合同约定的容量用电。

3）擅自超计划分配的用电指标。

4）擅自使用已经在供电企业办理暂停使用手续的电力设备，或者擅自启用已经被供电企业查封的电力设备。

5）擅自迁移、更动或者擅自操作供电企业的用电计量装置、电力负荷控制装置、供电设施以及约定由供电企业调度的用户受电设备。

6）未经许可，擅自引入、供出电源或者将自备电源擅自并网。

1.2　非法用电行为分类

当前我国的非法用电行为呈现出了隐蔽化、科技化、规模化的发展趋势，对电力企业的安全和效益带来了严重的威胁，也对社会风气造成了较大的不良影响。

1.2.1　非法用电分类

一般而言，如图 1-1 所示，非法用电主要可划分为普通型非法用电、技术型非法用电、高科技非法用电及违约用电 4 种类型。

1.2.1.1　普通型非法用电

普通型非法用电是指不改动供电企业的计量装置，直接绕开计量装置的非法用电行为，其特点是不涉及计量装置改造，技术含量较低、数量多发，而且没有固定的规律，难以保存非法用电痕迹。这种非法用电方式多发生在城中村，尤其是以架空线供电的低压用户，一般包括直接从配电变压器的低压瓷柱上挂线用电、短接进入计量箱和引出计量箱的同相位的导线、私自从电网内接线用电。普通型非法用电，一般包括以下几种类型：

3

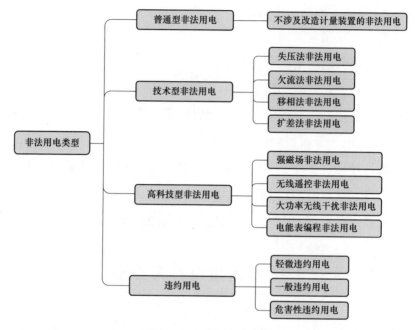

图 1-1 非法用电分类图

1. 用户无表而直接从公用电网私自接线用电

该类用户并未在供电企业报装用电，且未安装电表，直接从公用电网私自接线用电，其特点是随接随用，并且随时可以拆除。

2. 用户从电表进线端私自接线用电

该类用户现场是有经过电表用电的，但是该用户从电表前进线端私自接线用电，窃取一部分电量，其特点是随接随用，并且随时可以拆除。

3. 用户借零线偷电

该类用电用户现场是有表用电的，用户不在表计上进行改动，而是在零线上进行改动，达到非法用电的目的。

1.2.1.2 技术型非法用电

技术型非法用电是指直接对供电企业的电能表、计量用电流互感器等计量设备进行改造从而造成非法用电的行为。例如，损坏计量装置，改动计量装置内部结构，倒拨电能表计度器等。一般包括欠压法非法用电、欠流法非法用电、移相法非法用电、扩差法非法用电 4 种类型：

1. 欠压法非法用电

主要是使电能表的工作电压降低，从而使电能表转慢，少计量电量。其常见手法有：①使电压回路开路；②造成电压回路接触不良故障；③串入电阻降压；④TV 二次回路串入整流装置。

2. 欠流法非法用电

采用各种手段改变电流回路的正常接线致使电能表电流线圈无电流通过或只通过部分电流，从而导致电量少计。其常见手法有：①使电流回路开路；②TA 二次回路串入整流装置；③短接电表电流回路；④改变 TA 的变比。

3. 移相法非法用电

非法用电者采用各种手段故意改变电能表的正确接线，或通过接入与电能表工作线圈无电联系的电压、电流，或者利用接入电容或电感元件，改变电能表工作线圈中电压、电流间的正常相位关系，致使电能表慢转甚至倒转。其常见手法有：①改变电流回路的接法；②改变电压回路的接线。

4. 扩差法非法用电

非法用电者私拆电能表，通过各种手段改变电能表内部结构性能，致使电能表本身误差扩大；或利用电流或机械力损坏电能表，改变电能表的安装条件，使电能表少计量。其常见手法有：①私拆电表，改变电能表内部的结构性能或在电表内部加装元件；②用大电流或机械力损坏电能表；③改变电表的安装条件。

1.2.1.3　高科技非法用电

高科技非法用电是指利用计量原理制造非法用电器使电能表高速倒转、停转或慢转，或改变电子式电能表内部程序的设置使电能表出现错误计量的行为。由于该类非法用电方式科技含量较高，一般非法用电团伙开发高科技非法用电器后通过私下出售、上门安装等方式牟取获利。一般包括强磁非法用电、无线遥控非法用电、大功率无线干扰非法用电、电能表编程器非法用电等，具体分类如下：

1. 强磁非法用电

将强磁铁吸附在计量箱靠近电能表的位置，改变计量装置周围磁场强度，利用强磁的磁通对电子式电能表的小型互感器充磁，致使互感器磁饱和，造成感应电流减小 90% 以上或者感应不到电流的变化，计量芯片停止工作。

2. 无线遥控非法用电

在电能计量装置的二次回路中安装可调电阻或开关，通过遥控器改变可调电阻的大小或开关的通断，实现分压和电压互感器二次回路开断的作用，进而使电能表上的电压降低或为零。

3. 大功率无线干扰非法用电

利用振荡电路产生电磁波，干扰计量装置内的元件正常工作，使电能计量装置无法正常计量。

4. 电能表编程非法用电

直接更改电能表的用电量，通过改变峰、平和谷的比例，利用电价差实现少交电费的目的。

1.2.1.4 违约用电分类

1. 一般违约用电

一般违约用电是指对电网未造成重大影响的违约用电行为，如转供、擅自迁移计量装置等。

2. 中级违约用电

中级违约用电是指低价用电类别接高价用电类别的行为，该行为违反了用电的公平性。

3. 危害性违约用电

危害性违约用电是指会造成供电线路的危害的行为，如超容量用电、超配额用电、私自并网用电等。

1.3　非法用电防范管理难点

对于非法用电行为，一直以来供电企业采取许多对应防治措施，与政府机构合作抓获、打掉一批非法用电钉子户、重点户，并通过多种途径宣传非法用电危害，促使广大人民群众对反非法用电工作给予理解和支持，从根本上营造良好供用电环境。但与此同时，在非法用电查处及防范过程中，仍存在较多的困难，成效有待改进，可把非法用电防范管理难点归结为人力资源管理、查处流程管理、现场查处管理三个方面：

1.3.1　人力资源管理方面

（1）部分供电企业反非法用电人员配置方面不足，人员的短缺使得非法用电个案查处压力增大，导致一线人员对单个案件的投入精力不足，影响查处效果。

（2）在反非法用电技能方面，基层一线用电检查人员更替较快，缺乏系统性培训，缺乏指导性案例参考学习，人员查处技能水平存在较多薄弱环节，无法应对复杂的技术环境，查处能力亟待提高。

（3）在职业素养方面，部分工作人员对自身工作缺乏正确的认识，存在老好人、视而不见、熟视无睹，未能勇于担当其现场查处的责任。

（4）在信息化预警方面，基层一线用电检查人员无法熟练掌握信息化预警对非法用电行为的监控识别，导致事前电量数据分析落实不到位，难以针对性地开展现场查处。

1.3.2　查处流程方面

（1）在取证查处步骤方面，缺乏一套全面体系、针对各类非法用电具体查处方法的作业标准，部分检查表格已不适应最新形势和高科技非法用电及违约用电查处要求，导致工作人员在现场经常要基于经验进行判断，影响查处的准确性、权威性。

（2）在证据保存方面，鉴于供电单位的用电检查队伍并非法律授权的执法人员，因此，部分相关非法用电现场证据未能正常保存、留底，被非法用电人员有可乘之机销毁非法用电证据。

（3）在非法用电电费追缴周期判断方面，由于部分现场缺乏非法用电可追溯初始时间，只能对追缴电费和违约金作相对值的评估，很多非法用电用户并不认同以相对评估值作基础的追缴方案，致使查处追缴工作纠纷旷日持久。

1.3.3　非法用电现场查处管理方面

（1）在主体方面，由于相关疑似非法用电人员之间往往存在一定的牵连关系，比如房屋转租关系，前任承租人和现任承租人往往互相推搪，均不承认非法用电行为，对查处责任追究带来难度。

（2）在法律意识方面，非法用电用户法律意识淡薄，往往将非法用电行为视为"鸡毛蒜皮"的单纯道德问题。

（3）在时间方面，非法用电行为多发生在晚上，难以精确认定，更不便于现场查处。

（4）在模式方面，一些非法用电的手法十分隐蔽，难以发现。

（5）在追缴违约电费方面，追缴方案往往难以达成共识，或者非法用电用户无追缴支付能力，导致追缴效益较差。

（6）在非法用电用户用电设备功率的标识方面，铭牌丢失或难以识别的现象屡屡发生，致使对非法用电量和非法用电金额的认定，更加耗时费力。

第 2 章

非法用电查处及
防范管理策略

2.1 管理策略总体建设方案

近年来，非法用电案件层出不穷，供电局面临的非法用电查处及防范挑战也日益严峻。综合而言，非法用电的防范需要在涉及人员、管控、运营等多方面进行优化。因而，构建科学的、全面的非法用电防范管理策略，是提升工作效率的重要举措。

东莞供电局基于多年的非法用电防范管理理论研究和实践总结，构建非法用电防范管理策略，通过体系化管理思路提升防范非法用电、违约用电管理水平。以管理体系化、查处标准化、防治科技化、整改有效化等4个方面全方位构建非法用电防范管理体系，如图 2-1 所示。

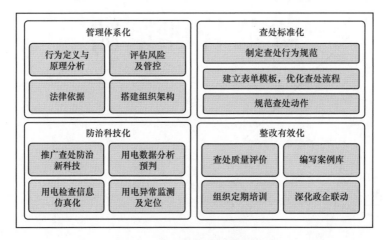

图 2-1 非法用电防范管理体系

研究方案实施需要使用的方法论，即界定、剖析、依据、方式、流程、标准、模式、措施、框架等管理要素按照体系化要求进行的排列组合，全景化展现非法用电管理策略的建设重点，从而进一步明晰非法用电查处质量提升的优化方向和管理路径。

2.2　管理体系化

查处非法用电是电力营销管理不可缺少的一个重要环节，也是供电企业日常用电检查工作的重要组成部分。东莞局将如何识别和查处各种类型的不规范用电，掌握不规范用电的各种原理，熟悉可以引用的各种法律武器，了解不规范用电的各种危害和风险，搭建自上而下的组织架构，形成防治不规范用电体系化的管理，为保障用电检查的查处工作提供了坚实的理论和实践基础。

2.2.1　行为定义与原理分析

系统对非法用电行为进行分类定义。《供电营业规则》第一百零一条和第一百条定义了窃电与违约用电等非法用电的行为解释，通过场景案例进一步对非法用电行为进行细分。

为统一管理和标准分类，将非法用电行为分为普通型和技术型非法用电，普通型非法用电包括直接从配电变压器的低压瓷柱上挂线用电、短接进入计量箱和引出计量箱的同相位的导线、私自从电网内接线用电等类型；技术型非法用电包括欠压法非法用电、欠流法非法用电、移相法非法用电、扩差法非法用电等类型；高科技非法用电包括强磁非法用电、无线遥控非法用电、大功率无线干扰非法用电、电能表编程器非法用电等类型。将违约用电行为分为一般违约用电和严重违约用电。一般违约用电包括高价设备接入低价电网等不易造成安全问题的行为。严重违约用电则是容易造成安全隐患的违约用电行为。这些行为都将在实例分析中详细剖析。

无论非法用电行为属于何种类型，其最终的目的都是为了逃避或减少计量。掌握基本的用电计量原理，才能对不规范用电进行剖析和查处，通过培训教程详细分析各种用户群体的用电计量原理，从正面理解掌握计量理论，做到以不变应万变。通过对上述各种技术型的非法用电原理和严重

11

违约用电原理进行分析和总结，对应对各类场景梳理对应原理图和管控教材，提升用电人员知识及查处能力。

2.2.2 评估风险及管控

充分辨识及开展风险评估，非法用电的行为可能造成以下几种风险：

（1）安全风险。带电接线，不易将线接紧，从而导致逐渐松动，造成间隙放电，产生瞬间高压，容易击穿绝缘子使人触电、烧表和用电设备烧毁。电压回路短路则容易产生高次激波，发生过电压，其结果导致触电、烧表和用电设备烧毁。一旦发生人身触电事故，可能出现非死即伤的严重后果。

（2）法律风险。非法用电行为属于违法行为，有些行为不仅要进行罚款，还要承担相应的法律责任。

（3）经济风险。根据《供电营业规则》第一百零三条，可以依法计算出用户非法用电所需追补电费，并且还要因用户非法用电而承担三倍违约使用电费。

（4）干扰电网风险。一些不规范用电行为有可能对电网造成干扰，如私自并网的违约用电行为，严重影响用电秩序和用电质量。

（5）用电检查风险。随着用电检查的深入和非法用电、违约用电数额的不断增大，暴力抗法等危险行为不断出现，用电检查人员的安全风险也越来越大。

为切实做好防治非法用电工作，提高查处效率，保障电网安全，根据非法用电查处防范风险制订对应风险管控措施，分别包括人员安全防护、人员职业健康、作业程序执行、作业设备使用、设备损坏备份、风险评估能力、应急管理能力、外力破坏、自然灾害、作业环境恶劣等，针对每一个管理模块，应从定性、分析、评估、处置、反馈等 5 个方面开展工作，目的在于对风险因素进行拆分细化和工具式管理，务求最大限度提升现场作业的风险管控能力。

2.2.3　明确法律依据

非法用电查处及防范需要法律条款作为有效武器。充分辨识《中华人民共和国电力供应与使用条例》《供电营业规则》《广东省供用电条例》《关于办理窃电案件的意见》（粤检字〔1999〕第 1 号）、《中华人民共和国电力法》等法律条文，规范用电检查行为，对常见非法用电场景、误区、陷阱进行分析解读，明确对应解释条款。

充分发挥法律条文为核心武器开展不规范用电的查处活动，解决了查处过程中的合规合法问题，使得查处全过程得到法律的有效保障，从而保障了查处人员的人身安全，有力震慑了不法分子的气焰。

2.2.4　组建查处防范组织架构

为提升非法用电查处及防范有效性，推动组建了以市人民政府电力管理部门为主导，以供电企业和用电户为主体，以相关法律法规为依据的全套组织架构，明确了各部门的职责和功能，规定了各部门的工作内容和权限，建立了常态化的企业培训机制，切实提高相关方的各项技能。

该组织架构层级全面，范围广，权威性和执行力强，强调内部措施与外部措施相结合，明确各级单位非法用电查处及防范职责。

2.3　查 处 标 准 化

非法用电的查处工作必须以事实为依据，以国家有关电力供应与使用的法规、方针、政策以及国家和电力行业的标准为准则，建立标准化查处要求，对用户电力用电情况进行用电检查。

2.3.1　制定查处行为规范

为规范用电检查行为，保障正常供用电秩序和公共安全，根据《电力法》《电力供应与使用条例》《供电营业规则》等国家有关规定，制定了用电检查行为规范。明确用电检查业务管控标准，进一步规范、细化违约用电处理、超容用电处理等管理流程，精简、固化用检工作表单。

明确规范了用电检查人员的基本技能、资质要求和必要的装备，规定了用电检查人员的职责，界定了用电检查的责任范围，确立了到位标准。将非法用电与违约用电防范管理进行标准化重构，包括组织机构、人员资格、人员纪律、人员培训等 4 大维度，确保组织先进、人员适格、纪律严明、培训健全，从而保障查处工作规范化。

用电检查的内容包括如下几部分：

（1）用户执行国家有关电力供应与使用的法规、方针、政策、标准、规章制度情况。

（2）用户受（送）电装置工程施工质量检验。

（3）用户受（送）电装置中电气设备运行安全状况。

（4）用户保安电源和非电性质的保安措施。

（5）用户反事故措施。

（6）用户进网作业电工的资格、进网作业安全状况及作业安全保障措施。

（7）用户执行计划用电、节约用电情况。

（8）用电计量装置、电力负荷控制装置、继电保护和自动装置、调度通信等安全运行状况。

（9）供用电合同及有关协议履行的情况。

（10）受电端电能质量状况。

（11）违章用电和非法用电行为。

（12）并网电源、自备电源并网安全状况。

2.3.2 建立非法用电检查表单模板

基于南方电网市场营销业务模型，结合东莞局营销业务实际，确定用电检查工作的必查点，详细列明业务标准、业务流程、作业风险、检查方法等信息。

从工具集锦的维度进行操作分析，涉及职责界面清单、表单模板、操作指引、法律指引、复查清单等标配工具，构建完整现场检查处理闭环步骤，进一步提升现场检查规范性，对非法用电部分做出了详细规定，包括线索获取、检查准备、现场检查、依法取证、中止供电、追补电费、恢复供电，每一步骤均为整个流程的关键节点，对节点进行重点监控，可以保证流程的通畅和顺利推进。

2.3.3 规范查处动作

用电检查工作中，非法用电行为证据收集不全面、证据没有证明效力，都将严重影响对非法用电与违约用电行为的有效处理，甚至真正的非法用电案件反而成为供电企业可能侵权的案件。因此，供电企业在打击非法用电行为的工作中，提高用电检查人员的综合素质，提高非法用电行为证据的完整性、有效性和合法性，完善用电检查组织管理机制和各项流程，根据不同的查处场景，规范查处过程中的各种动作，已经成为进一步规范用电检查行为，提高用电检查工作效率，维持用电秩序的一项重要工作。

查处动作的规范化，规定了用电检查的通用场景，如摄像、录像的角度，拍摄的数量、范围，工具、表单的准备，个人安全措施，相关方人员和第三方人员的要求等。还针对不同的用户类型，不同的非法用电场景，不同的非法用电手法等做出了具体的要求，各项要求在实际案例查处中发挥了重要作用。

2.4 防治科技化

随着非法用电的手法越来越科技化，要求供电企业对用电检查的方法也趋向科技化，以应对各种层出不穷的非法用电行为。充分利用系统各平台的大数据，对大数据进行分析和测量，区分非法用电高发区域和场景，选择性进行重点监控，可有效提高防治效率。采用新的排查技术，也是提高工作效率的有效方法。

2.4.1 推广查处防治新科技

在电网线损数据异常情况下，需要在复杂庞大的电网中准确找到非法用电点是比较困难的，因此基于台区的智能管理单元及二分理论的低压非法用电排查技术应运而生。利用智能管理单元，可以快速、准确地找到非法用电点，大量节约了人力物力，极大地提高了非法用电查处的准确率和工作效率。

基于台区的智能管理单元进行非法用电的排查，是将智能管理单元安装于台式变压器集中器侧，通过集中器收集电能表内部的存储数据。通过异常告警、时间信息、电量突变等关键信息进行综合分析，为查找异常用电用户提供数据依据。其通过 485 线控制集中器，通过定时下发任务的方式让集中器收集电能表历史数据，辅助判断用户用电行为。

基于台区的智能管理单元进行非法用电的排查原理是采用距离折半及补充插值的逐次逼近方法，通过循环运行，快速找到非法用电点。将先进科技设备安装分区布局在辖区内非法用电与违约用电发生概率与频率较高的区域，加大相关反非法用电科技设备的安装密度，对安装选址应合理规划，从而使反非法用电科技资源配置更加合理。

2.4.2 用电数据分析预判

构建现代化用电信息采集系统，搭建大数据分析监控功能，提高用户用电数据分析精准度和系统程度。通过系统长期数据积累，形成非法用电与违约用电用户画像，准确识别非法用电嫌疑行为。

系统构建非法用电研判规则，主要包括电能表失压欠压、终端电能表电流比较、电能表失流、电流不平衡、换表前后电量比对、报装容量与实际容量比对、电量下降趋势、开盖事件、功率因数过低、功率因素变化率、线损变化率，自动通过系统用电数据比对分析，对线损率异常的 10kV 线路专用变压器用户进行远程监测，比对线损率变化与专用变压器用户负荷、各时段电量波动之间的关联，初步锁定疑似非法用电用户，提供可能存在非法用电用户和场景，指引用电检查人员进行风险预控。

2.4.3　用电检查信息仿真化

推进用电检查移动终端作业，推行无纸化用电检查，提高工作效率和工作质量。强化用电检查工作信息系统应用，推动工作计划编制、审核、任务派工、现场检查、检查情况处理、归档全过程信息化管理。

搭建用电检查仿真实训平台。推动用电检查仿真实训平台建设，制订《用电检查仿真实训平台技术标准》，逐步推动仿真装置配置，填补用电检查培训、考核缺乏实操的空白，提升用电检查人员综合素质及业务技能水平。

2.4.4　用电异常监测及定位

实时监测用户用电异常，对计量自动化系统等常规监测功能进行优化，全面提高系统用电异常分析的准确性，实现实时监测用户的用电情况，根据用户负荷及电量曲线等数据进行分析，判断用户可能存在超容、过负荷、转供电或漏电等用电异常情况。建立反非法用电、用电异常监测处置机制。建立反非法用电、用电异常监测功能应用工作机制，制订推广应用计划，推动异常监测功能实用化应用。初步实现智能分析用电数据，准确定位异常用户，提升用电检查效率。

2.5　整改有效化

整改措施作为体系建设的重要一环，整改措施及效果是否到位，是有效闭环和提升的重要途径。通过建立质量评价机制，梳理汇编典型案例库，持续政企联动开展联合整治工作，以最大限度提升防治不规范用电的效率，打击不法分子，维护企业利益，保护国有资产不受流失。

2.5.1 查处质量评价

建立非法用电查处防范质量评价实施机制，对非法用电的查处质量运用规范、统一的评价方法，根据非法用电主要指标完成情况以及用电检查过程中反映的情况，对用电检查的各项工作进行量化评分，从而考核、评价用电检查的水平。

质量评价机制是对非法用电查处防范质量的一种闭环检验。从查处率和整改率两大角度评价整个管理体系的运行绩效，进行加权平均，形成综合评分，从而建立工作绩效加权平均综合评价机制。根据评价结果，对工作流程进行优化，确保后续工作顺利开展和管理提升。

2.5.2 典型案例库

为加强近年来高科技、组合型非法用电案例剖析，根据海量的用电检查数据，归纳总结出典型的查处案例场景，以图文、音像等方式再现查处场景，编写了不同类别，不同场景，不同规模的非法用电典型案例，形成具有鲜明特色的案例库，可以起到以案警示的作用。

每个案例以案例简介、查处过程、原理分析、查处结果、追缴电费依据、追缴电费计算方法、整改与防范等七个环节，全面剖析了案例发现的方法，查处的要点和误区、陷阱，从案例中发现新的作案手法，总结新的破解技能，学习新的排查方法，全景化展现非法用电与违约用电现场查处和防范管理的重点难点，并提出相应的整改防范措施，以全面提高工作成效。

案例库理论意义和实际参考价值较强，不仅可作为供电单位基层一线用电检查工作人员学习使用，也可供电力企业管理人员阅读参考，或供相关岗位的培训使用。

2.5.3　组织定期培训

供电企业定期组织用户用电培训，向用户大力宣传国家有关电力供应使用的法律、法规、方针、政策及国家和电力行业标准、管理制度，提升全市的反非法用电、防控用户故障出门和安全用电的管理水平；以用户电房现场设备为背景，通过现场教学，形象地向用户宣传非法用电的违法性，同时指导用户落实做好设备日常运维工作，达到提升反非法用电查处和宣传安全用电力度，有效降低用户故障出门事件发生频率。

2.5.4　深化政企联动

供电企业作为国有企业，应切实履行社会责任，积极服务地方经济发展，以高度的使命感和责任感为城市建设和产业发展提供坚强可靠的电力保障。为确保电网的安全和洁净，通过电视、广播、网络等媒体渠道加大宣传电力设施保护条例，加强防治非法用电环境，加大非法用电的打击力度，构建用电户"不敢窃、不能窃、不想窃"的规范用电秩序和营造"保护电力设施人人有责"的良好氛围。

全面打造防范非法用电政企联动机制，推动优化营商环境的积极影响包含以下几个方面：

（1）定期通过市政平台，对非法用电防范基础知识和要点等市民关注的热点问题主动与市民进行热线互动、解难释疑、听取市民建议，及时回复广大用电用户反映的用电问题和听取合理化建议，搭建与政府、用户三方协调沟通的桥梁，让广大用电用户深入了解供电企业为民办实事、办好事，主动承担更多社会责任的服务理念，树立良好的企业形象。

（2）加强社会公众信息平台的安全用电及规范用电宣传，主要在市重要微信公众号、微博等主要受众的信息媒体平台，制作和发布相关安全用

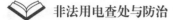

电及非法用电防治宣传版面，对安全用电、非法用电法律法规及基础知识进行推广。

（3）综合评价非法用电与违约用电防范管理工作对电网优化营商环境的贡献，并形成周期评价分析报告，即结合主客观标准，从非法用电与违约用电防范管理的角度形成"推动优化营商环境"的定期报告机制。

第 3 章

非法用电查处及防治要点与方法

3.1 非法用电查处及防治法律防范要点

3.1.1 非法用电查处及防治的法律规定

(1)《中华人民共和国刑法》(简称《刑法》)第二百六十四条:盗窃公私财物,数额较大的,或者多次盗窃、入户盗窃、携带凶器盗窃、扒窃的,处三年以下有期徒刑、拘役或者管制,并处或者单处罚金;数额巨大或者有其他严重情节的,处三年以上十年以下有期徒刑,并处罚金;数额特别巨大或者有其他特别严重情节的,处十年以上有期徒刑或者无期徒刑,并处罚金或者没收财产。

(2)广东省高级人民法院、广东省检察院《关于确定盗窃刑事案件数额标准》:最高人民法院、最高人民检察院《关于办理盗窃刑事案件适用法律若干问题的解释》〔法释(2013)8号,简称《解释》〕已于2013年4月4日发布实施。《解释》第一条第二款规定,各省高级人民法院、人民检察院可以根据本地区经济发展状况,并考虑社会治安状况在规定的数额幅度内确定本地区执行的具体数额标准。根据我省各地经济发展和社会治安状况,经最高人民法院和最高人民检察院《关于办理盗窃刑事案件执行具体数额标准的批复》的批准,对我省执行"数额较大""数额巨大""数额特别巨大"的标准通知如下:

一类地区包括广州、深圳、珠海、佛山、中山、东莞等六个市,盗窃数额较大的起点掌握在三千元以上;数额巨大的起点掌握在十万元以上;数额特别巨大的起点掌握在五十万元以上。

(3)《电力法》第七十一条:盗窃电能的,由电力管理部门责令停止违法行为,追缴电费并处应交电费五倍以下的罚款;构成犯罪的,依照《刑法》第一百五十一条或者第一百五十二条的规定追究刑事责任。

(4)《电力供应与使用条例》第四十一条:违反本条例第三十一条规

定，盗窃电能的，由电力管理部门责令停止违法行为，追缴电费并处应交电费 5 倍以下的罚款；构成犯罪的，依法追究刑事责任。

（5）《供电营业规则》第一百零二条：供电企业对查获的窃电者，应予制止并可当场中止供电。窃电者应按所窃电量补交电费，并承担补交电费 3 倍的违约使用电费。拒绝承担窃电责任的，供电企业应报请电力管理部门依法处理。窃电数额较大或情节严重的，供电企业应提请司法机关依法追究刑事责任。

（6）《用电检查管理办法》第二十一条：现场检查确认有窃电行为的，用电检查人员应当场予以中止供电，制止其侵害，并按规定追补电费和加收电费。拒绝接受处理的，应报请电力管理部门依法给予行政处罚；情节严重，违反治安管理处罚规定的，由公安机关依法给予治安处罚；构成犯罪的，依法追究刑事责任。

3.1.2 供电企业非法用电查处工作常见的"误区"及防范要点

1. 认为只通知用户电工到场检查就可以

现场进行用电检查时，未通知用户负责人，或只有电工到场，也没有核实用户到场人员的身份信息。

【防范要点】必须通知用户的相关负责人到现场一同进行现场检查，并对其身份做出初步核实。如核对身份证、工作证等证明身份信息的资料。

2. 对非法用电设备录像、拍照的手法是否正确

发现确有非法用电行为时，所拍摄的录像和照片未能反映拍摄时间地址用户或第三方在场的信息，未对用户涉嫌非法用电关键设备等信息进行有效拍摄，未能正确、完整记录何时何地发生非法用电的行为。

【防范要点】拍摄应有效记录拍摄时间、拍摄地点、现场人物、查处的过程、用户签收或拒绝签收文件的情况。

3. 认为向公安机关报警有非法用电行为就万事大吉

认为向公安机关报警后即了事，没有及时了解跟进公安机关侦查非法

用电案件的情况，没有及时将用户非法用电的证据向公安机关提交，双方缺乏沟通联系，非法用电案件未得到及时处理。

【防范要点】应注意跟进公安机关对非法用电案件的立案、侦查的情况，协助公安机关收集证据（如提交有关现场检查的拍摄资料给公安机关）；应及时跟进公安机关处理案件的情况，发现公安机关怠于处理案件，应当及时报请上级采取其他救济途径。

4. 认为非法用电通知书上给用户的电工签字就可以

向用户现场发出的《供电局客户工作传单》《客户用电检查工作单》《客户违章用电、窃电通知书》等只有用户的电工签收或不知身份信息人员签收，未核对签收人员的身份信息，给用户事后否认非法用电行为提供借口。

【防范要点】

（1）非法用电用户为单位——由单位法定代表人、负责人签字（营业执照上的名字）并加盖该单位公章；若不是该单位上述人员的，应要求该签收人员出示相关工作证件，注意核对留底签收人员的身份信息和工作信息资料。

（2）非法用电用户为个人——用户个人签字，用户不在的，成年家属签字。

（3）用户拒签的，需要第三方（街道、村委会、司法所等机关）见证用户不予签收情况，拍照或录像留存。同时，利用邮寄快递方式向该用电地址发送相关工作单和有关通知文件，并留存送达凭证。

5. 认为非法用电设备拆检就无风险

用户的非法用电设备拆除后没有让用户在封条上签章，没有交由公安机关保存，或没有与用户及时共同送到第三方鉴定机构进行检验，而是将非法用电设备长时间放置在供电局，导致非法用电设备检验程序有瑕疵导致鉴定结果的公正性受到质疑。

【防范要点】要求用户对非法用电设备封条进行签章，条件允许交由公安机关封存保管；书面通知并要求用户共同对涉嫌非法用电的计量装置送检，送检申请单上应由用户签章确认，必要时可拍照进行记录，保留共同送检的证明。若公安机关进行封存的，则由供电局协助公安机关将计量装置送至鉴定机构（如华南国家计量测试中心）进行鉴定。

3.1.3　供电企业非法用电查处工作常见的"陷阱"及防范要点

1. 用户主动申请检查"排除"非法用电嫌疑

个别熟悉供电局查处非法用电工作流程的用户，将计量器具调至正常或者解除非法用电行为后，以计量器具存在计量不准的情形主动申请供电局对计量器具进行检查，从而让供电局产生其不存在非法用电行为的错觉，待供电局检查完后又继续进行非法用电。

【防范要点】密切观察用户实时的电压、电流变化，分析其历史电压、电流数据的情况，对存在非法用电嫌疑的用户，在公安机关协助查处下对用户进行突击检查，检查过程应要求用户或用户代表在现场，并做好录像、照相的现场记录工作。

2. 用户假意协商，寻找收集对供电企业不利证据

用户进行协商时，采取录音方式套取对供电局不利的证据，或在协商时不对案件的实质内容（非法用电行为、非法用电时间、非法用电金额等事实）发表定性意见，只表达对其有利的方面；用户假意协商，取得不同的非法用电计量处理通知，以此质疑供电局非法用电计量的准确性。

【防范要点】协商时应提防用户对非法用电事实的错误引导，并且防范用户对协商过程进行录音，供电局须自行做好非法用电会议记录或录音，注意非法用电处理方案文件的一致性，并确保通知文件由用户签收。

3. 用户故意不签收文件，事后"装无辜"逃避法律责任

单位用户对供电局派发的工作单、资料不予签收或拒绝接收供电局派

发的文件，在协商无结果后上诉至法院，单位用户以非法用电行为是电工
或其他个人行为而单位对非法用电事实并不知情为由，逃避法律责任的
承担。

【防范要点】单位非法用电的，确保非法用电通知对外文件已送至供用
电合同的用电人即单位用户，并要求其单位进行签收确认，如拒绝签收，
应通过拍照张贴、录像、邮寄、公证送达的方式向该用电地址进行派送，
并保留相关凭证或文件。与用户谈判协商时，做好与用户人员的会议签到
和会议纪要工作，必要时可采用录音的方式进行记录。

4. 用户以各种理由阻挠检查，拖延时间毁灭证据

用户对于现场查处非法用电以各种理由拖延，如工厂不能立即停电检
查，要求过两天再进行检查，以争取时间销毁非法用电工具。

【防范要点】以拍照、录像的方式记录涉嫌非法用电的证据；有必要时
对涉嫌非法用电的物品制作现场调查笔录。

3.2 非法用电查处及防治管理要点

3.2.1 管理制度防范要点

1. 用电检查队伍建设不到位

用电检查工作是供电局所有管理工作中极其重要的一个。当前供电企
业的用电用户不断增加，但是进行用电检查的工作人员人数较少，并且用
以用电检查工作的设备和技术也过于传统老旧。这些问题直接影响了供电
局用电检查工作的顺利进行，无法保障用电检查工作的准确性和及时性，
造成供电局的管理工作效率较低，用电检查质量不高。

【防范要点】培养一批业务骨干以应对日益增加的用电检查工作发展，
更新检查器具以适应用电技术更新，特别是非法用电手法有向高科技方向
的趋势，更需要建立一支具有专业技能和高综合素质的专业队伍，及时发

现非法用电和违约用电并对之进行查处。

2. 用电检查/线损管理缺乏科学性

没有充分利用业务管理平台，没有完全了解线损计算方法，致使用电检查的方案缺乏科学性和合理性，到现场检查时也难以发现非法用电行为，导致用电检查变为"走过场"的检查。

【防范要点】对用电检查人员定期培训，对需要掌握的各种用电检查方法定期进行考核，特别是新技术应用的考核，提高用电检查人员的实际操作能力，完善线损管理制度，按线路计算出理论线损和考核线损，提高用电检查方案的合理性和可行性。

3. 内外勾结进行非法用电或违约用电

用电检查人员经受不住利益的诱惑时，和用户进行内外勾结，对非法用电和违约用电行为瞒报或纵容，造成国有资产流失。

【防范要点】部门经理和班组长需随时掌握用电检查人员的异常行为，定期或不定期轮换不同区域的用电检查人员，对用电数据异常率较大的用户进行监控。

4. 奖励和惩罚制度执行不到位

企业的奖惩制度，是员工的行为准则之一，规定了哪些行为将受到奖励，哪些行为将受到惩罚。奖惩制度可以激励员工努力向上，是获得自我提升的动力之一。

当前供电局对奖惩制度的执行存在着不到位，甚至存在人情大于制度的事实，该奖励的没有及时奖励，该惩罚的没有及时惩罚或不惩罚，致使员工失去工作动力，用电检查时责任心下降，导致检查不出存在的问题。例如经过线损确定某用户有非法用电行为后，对该用户进行用电检查，到达用户现场后，由于非法用电手法存在一定的隐蔽性，用电检查人员经过粗略检查后没发现问题，随即判断该用户没有非法用电行为。

【防范要点】完善奖惩制度，做到"执法必严，违法必究"，不要让制度沦为形式。科学利用绩效管理，对不作为的用电检查人员惩罚的同时进行再培训和考核。

3.2.2　流程管理防范要点

1. 过程检查及竣工检查不到位

供电局当前的业扩管理流程存在管理缺失。例如竣工验收环节中，对隐蔽工程的验收，没有在隐蔽施工前到现场验收，只是看图纸和施工方的报告，为用户非法用电提供了可能。当用户和施工方存在勾结时，可以先将非法用电线路预埋在隐蔽工程中，给后续非法用电查处带来极大的麻烦和存在一定的安全风险。

又如对计量装置安装环节缺少监管，则容易在安装初始阶段就发生非法用电行为，导致初期很难通过线损发现问题。

【防范要点】严格按照业扩流程的指引作业，对结合绩效管理和奖惩制度，对事后发现的问题进行追责，最大限度减少不按流程作业的发生。

2. 计量铅封及电能表轮换管理不到位

供电局当前的计量流程管理存在缺失。例如由于对计量铅封管理的不到位，造成计量铅封流到社会上，为非法用电者提供了机会，导致难以通过铅封发现其非法用电行为，加大了查处难度。又如由于计量流程管理的不到位，致使一些电能表未按时轮换，导致多年未发现电能表被非法用电者改装导致计费不准。

【防范要点】加强计量流程管理，结合绩效管理和奖惩制度，并对事后发现的问题进行追责，防止问题再次发生。

3. 抄表人员故意错抄问题

供电局当前的抄核收流程管理存在不到位的问题。例如由于对抄核收管理的不到位，抄表人员故意抄错表，导致少计量电费。

【防范要点】加强抄核收流程管理，结合绩效管理和奖惩制度，并对事后发现的问题进行追责。对抄表员定期或不定期进行区域轮换，及时发现问题。

4. 用电检查人员未按规定进行检查

用电检查人员未根据规章制度要求，定期进行周期检查；未对线损异常线路和台区进行专项检查，造成非法用电、违约用电行为长期未被发现。

【防范要点】严格执行用电检查制度，根据用户的电压等级、装表总容量及用电负荷等级分类，确定用户的检查周期，制订年度、月度周期检查计划，并按时执行；根据上级管理部门下达的专项工作任务及结合当地线损情况对特殊用户进行专项检查。

3.3 非法用电查处及防治流程

3.3.1 查处流程步骤介绍

3.3.1.1 检查前准备

1. 线索获取

（1）外部举报。通过社会公众、电话、信函、当面反映、网络等方式提供非法用电线索。

（2）工作发现。营销工作人员在用电检查、抄表核算、装表接电、线路巡视等工作中获得非法用电线索。

（3）系统监测。营销工作人员通过计量自动化系统、营销系统等信息系统对馈线线损、用户电量、负荷等参数异常情况进行监控并分析得到非法用电线索。

（4）智能管理单元。实时监控台区线损异常的低压用户，通过非同一时刻的数据分析，深挖电能表的状态特性，依据电能表在一段时间的持续状态获得非法用电线索。

2. 信息收集

（1）内部核查。通过营销系统、采集系统、用户档案等方式了解非法用电嫌疑对象的基本信息，其中重点关注以下几点：

1）了解供电方式、计量方式、行业特性、负荷及电量等情况；

2）记录电能表、互感器等计量资产的资产编号、性能参数。

（2）外部勘查。通过实地查看、卫星地图等途径，了解厂区布置、配电房位置、通道情况以及外部环境，为现场检查做好准备。

3. 组织方案

（1）编制行动计划。

1）落实行动路线；

2）明确人员分工，落实检查、监护、取证、应急等职责；

3）根据分析结果确定最佳检查时间；

4）必要时邀请公安机关协同检查，避免发生场面失控或人身伤害等情况。

（2）工具准备。

工器具的准备以满足现场检查、取证的需要为原则，做好工具准备工作。

3.3.1.2 现场检查

现场检查确保客户代表在场。

1. 直观检查法

（1）检查电能表。

1）检查电能表型号是否正确。

2）检查电能表外壳是否完好、电能表安装是否正确、是否牢固；

3）检查电能表选择和运转是否正常；

4）检查铅封是否完好。

（2）检查连接线。

1）检查互感器二次回路接线是否完好；

2）检查接线有无开路、接触不良、有无短路；

3）检查接线有无改接或错接；

4）检查有无越表接线和私拉乱接。

（3）检查互感器。

1）检查互感器参数是否符合技术要求，实际接线和运行工况是否正常；

2）检查互感器的铭牌参数是否和用户手册相符；

3）检查互感器的变比选择是否正确、实际接线和变比是否相符；

4）检查互感器的运行状况。

2. 电量检查法

（1）对照容量查电量。对照用户用电设备容量查电量。

1）核实用户用电设备的实际容量；

2）核实用户用电设备的运行状况；

3）检查用户用电设备的实际使用情况。

（2）对照负荷查电量。实测用户负荷情况，计算用电量，然后与电能表的计量电能数对照检查。

1）连续性负荷电量测算法；

2）间断性负荷电量测算法。

（3）前后对照查电量。当月电量与上月用电量或前几个月的用电量对照检查。

1）检查用电量增加的原因；

2）检查用电量减少的原因；

3）电量无明显变化也不能轻易认为无非法用电。

3. 仪表检查法

（1）用电流表检查。

1）检查 TA 变比是否正常、有无开路、短路或极性拼错；

2）通过测量电流值粗略校对电能表；

3）检查三相或单相电路计量的电流关系。

（2）用电压表检查。

1）检查接线有无开路或接触不良造成的失压或电压偏低；

2）检查有无 TV 极性接错造成的电压异常；

3）检查 TV 出线端至电能表的回路压降。

（3）用相位表检查。根据相位数据画出相量图，然后导出功率表达式判断接线正确性。

1）三相两元件电能表接线的相位检测；

2）三相三元件电能表接线的相位检测。

（4）用功率表或时间秒表检查。根据测量值画出六角图，判断三相两元件电能表接线状况。

1）用功率表测试三相两元件电能表每一元件在不同电压相别的功率值；

2）用时间秒表测试三相两元件电能表每一元件在不同电压相别的圆盘转数值。

（5）用电能表检查。用电能表误差比较法进行检查。

1）将标准电能表与被测电能表同时接入被测电路；

2）在同一时间段共同计量电能，比较检查。

（6）专用仪表检查。专用仪表（台区智能管理单元）检查。

1）主、副采集单元安装（线路始末端）；

2）线路始末端实时电流值采集；

3）电流差值比对；

4）线路二分法进行分段，根据分段线损加装副采单元；

5）不断进行线路分段，直到锁定非法用电户。

3.3.1.3 证据取集

注意：

（1）供用电双方人员须在场；

（2）非法用电查处取证、认证须有第三方见证方—公安人员在场；

（3）证据确认过程中不得存在胁迫、引诱行为。

具体步骤：

（1）确认实际非法用电点及其情况；

（2）对可用于证明用户非法用电行为的现场实际用电设备、器具等物品进行必要的拍照、摄像与登记；

（3）收集用户产品、产量、产值统计和产品单耗数据；

（4）收集用户用电负荷信息、电能表运行记录信息；

（5）收集可用于证明非法用电时间的相关信息材料；

（6）用户及第三方人员签名；

（7）收集专业试验、专项技术检定结论材料（后期）。

3.3.1.4 非法用电告知

（1）出具《客户违约用电、窃电确认书》；

（2）要求用户（签名）书面确认非法用电事实。

注意：

（1）用户或用户代表签名、确认前，应核实其身份证件信息并拍照记录留底，签名的同时，还应加按指模或加盖其单位公章。

（2）在完成现场取证、认证后，非法用电用户对《客户违约用电、窃电确认书》拒签时，应及时向公安部门申请立案，转刑事侦破、引入司法诉讼。

3.3.1.5 现场处置

（1）对现场可能灭失或以后难以取得的证据事实有效封存；

（2）对现场满足停电条件的，对其出具《客户停电通知书》并要求用户签名，按规定的程序执行停电。

注意：

（1）对非法用电用户实施停电，应避免导致社会稳定、人身安全、重大设备损坏、环境污染、火灾等事件发生；

（2）对现场可能灭失或以后难以取得的实物证据，必要时可向司法部门（单位）申请证据保全。

3.3.2 查处全过程表单

查处全过程表单见表 3-1。

表 3-1 查处全过程表单

非法用电查处全过程表单			
检查人员		检查日期	
一、客户基本信息			
客户编号		客户名称	
用电地址		合同容量	
用电类别		计量方式	
资产编号		线路名称/线损率	
台区名称/线损率		电量是否异常	
负荷是否异常			
二、现场检查（客户代表需在场）			
（一）直观检查			
1. 检查电能表			
外观		型号	
封印		运行状态	
2. 检查连接线			
开路		接触不良	
短路		改接	
错接		绕越	
私拉乱接			
3. 检查互感器			
（1）TA：铭牌参数		变比	
接线			
（2）TV：铭牌参数		变比	
接线			
（二）电量检查			
1. 对照容量查电量			
用电设备的实际容量			
用电设备的运行工况			
2. 对照负荷查电量（连续性、间断性）			
负荷		计算用电量	
电能表用电量			
（三）仪表检查法			

续表

1. 用电流表检查			
TA：变比		开路	
短路		极性错误	
表前/后电流		一/二次电流	
表内/外电流			
2. 用电压表检查			
失压		电压偏低	
开路		接触不良	
TV：接线错误		回路压降	
3. 用相位表检查			
画相量图		功率表达式	
接线正确性			
4. 用功率表或时间秒表检查			
误差计算			
5. 用现场校验仪检查			
误差比较法			
6. 在线检查			
用台区智能管理单元检查			
分段实时电流值		电流差值	
分段线损值		非法用电户号	

三、证据收集（客户代表及第三方人员在场）

（一）实际非法用电点及其情况

（二）对可用于证明客户非法用电行为的现场实际用电设备、器具等物品进行必要的拍照、摄像与登记

（三）收集客户产品、产量、产值统计和产品单耗数据

（四）收集客户用电负荷信息、电能表运行记录信息

（五）收集可用于证明非法用电时间的相关信息材料

（六）用户及第三方人员签名

（七）收集专业试验、专项技术检定结论材料（后期）

续表

四、非法用电告知
（一）出具《客户违约用电、窃电确认书》
（二）要求用户（签名）书面确认非法用电事实
五、现场处置
（一）对现场可能灭失或以后难以取得的证据事实有效封存
（二）对现场满足停电条件的，对其出具《客户停电通知书》并要求客户签名，按规定的程序执行停电

3.4 非法用电防范技术

3.4.1 台区智能管理非法用电监测原理介绍

1. 台区智能管理单元介绍

如图 3-1 所示，台区智能管理单元安装于台式变压器集中器侧，通过集中器透传收集电能表内部的存储数据，通过异常告警、时间信息、电量突变等关键信息进行综合分析，为查找异常用电用户提供数据依据。其通过 RS485 线控制集中器，通过定时下发任务的方式让集中器收集电表历史数据，辅助判断用户用电行为。

图 3-1 台区智能管理单元

2. 主、副采集单元介绍

(1) 主采单元：置于台区线路近变压器侧，通过电磁转换的原理收集三相线路的电流值，并将其值通过载波模块传送至台区智能管理单元。

(2) 副采单元：置于台区线路末端，通过电磁转换的原理收集三相线路电流值，并将其值通过载波模块传送至台区智能管理单元。

3. 接线方式

台区智能管理单元接线原理简单，装置安装只需连接 2 条电源线、2 条 RS485 控制线。接线时，装置安装于集中器旁，在集中器的接线端取用 A、B、C 三相电源的任意一相，同时将 2 条 RS485 控制线连接在集中器的两个 RS485 测试口（RS485Ⅲ），其接线图如图 3-2 所示。

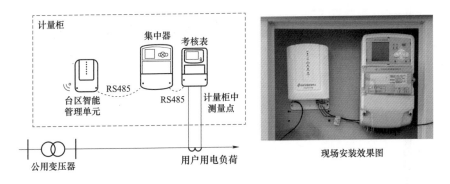

图 3-2 台区智能管理单元接线图

4. 数据采集

(1) 上行接口：内部安装 SIM 卡可通过无线网络与主站通信，无 SIM 卡时，可以通过手机蓝牙，登录 App 进行数据收集、调试。

(2) 下行接口：支持 RS485 方式读取集中器数据，支持 RS232 方式读取集中器数据。

台区智能管理单元数据采集接口如图 3-3 所示。

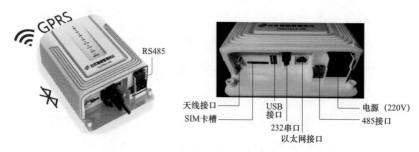

图 3-3 台区智能管理单元数据采集接口

3.4.2 基于台区智能管理单元非法用电查处方法

1. 系统筛选高损台区

利用计量自动化系统（见图3-4），收集历史数据进行筛选、排序，形成高损台区清单，在高损台区中重点排查非法用电用户。

图 3-4 计量自动化系统

2. 低压非法用电排查五步法（台区）

（1）**装置安装**。在台区线路始末两端依次安装主、副采集单元各1台。并确定采集电流的准点时间，如以半小时为单位，整点开始计算5组数据进行数据分析，如果多组数据显示供售电量异常或电流和不一致，则初步表示该台区可能存在非法用电户，需要进一步进行排查。

台区智能管理单元安装原理如图3-5所示。

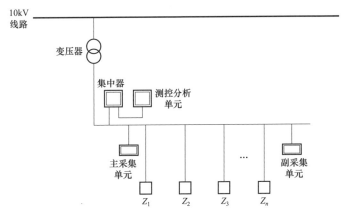

图3-5 台区智能管理单元安装原理图

（2）**数据采集**。主、副采集单元对变压器出线的三相电流进行采集，通过载波线路上传到台区智能管理单元，其内置的CPU分别对主采集单元的三相电流进行求和、副采集单元的三相电流进行求和，随后求取三相总电流的差值$I_主 - I_副$。

台区智能管理单元透过集中器，收集对应时刻台区所有低压电能表的电流总和$I_总$。其中，$I_总 = I_{Z1} + I_{Z2} + I_{Z3} + \cdots + I_{Zn}$。

（3）**分段测试**。将相同时间点下的$I_主 - I_副$与$I_总$进行对比（选取多个时间点的数据进行对比），如果差值小于设定的阈值，则台区无异常。阈值的设定根据实际台区考核值线损进行设定。

如果差值大于设定的阈值，则需要进一步分析，通过距离二分法将主、副采集单元分为线路X1、X2，在分段点加装副采单元1个，进行计算。在线路 X1 中，如果按上述步骤测试出的差值小于设定的阈值，表明 X1 段线路无非法用电疑似用户，如果差值大于设定的阈值，则表明可能存在非法用电用户，随后将 X1、X2 继续分段，分为 X11、X12 和 X21、X22，并在分段点加装副采集单元 1 个，不断循环。只要存在差值大于设定阈值的线路就不断分段进行排查，直到找到非法用电户。在线路 X2 中同理操作，只要存在大于阈值的线路就不断分段进行排查，直到找到非法用电户（见图 3-6）。

最终，通过分段测试，准确锁定多个低压非法用电用户，在主站进行显示。

注：以上的台区智能管理单元及主、副采集单元之间均能够实现自动对时，各装置采集电流的时间点保持一致，对比实时电流值。

此外，如果遇到主干线路和分支线路问题，可以按如下方式解决：分别对 L1、L2、L3 段线路使用上述步骤进行逼近测试，直到锁定非法用电用户。

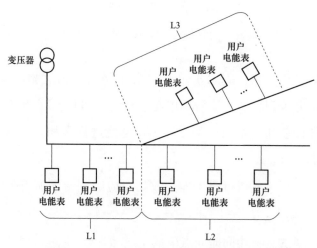

图 3-6 台区智能管理单元分段测试原理图

（4）云端取证。当排查出低压非法用电户后，台区智能管理单元会主动给主站上送告警信息，并在其云端平台备份储存，便于公安机关等第三方取证，保证非法用电证据的实时有效性，防止非法用电户在得知工作人员查处非法用电后恶意破坏现场，导致证据不足，引起纠纷。

（5）现场查处。对主站远程监控得到的非法用电用户进行统计分析，并形成现场排查计划表。规划最优线路，尽早去到现场，对非法用电进行取证、查处。

低压非法用电排查五步法的流程图如图3-7所示。

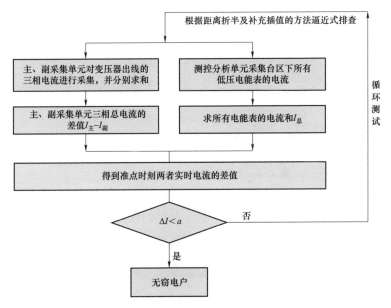

图3-7 低压非法用电排查五步法流程图

3.4.3 数据调试

数据调试主要包括现场的蓝牙调试以及通过4G/5G网络实现远程监控。

（1）蓝牙App使用。通过参数设置，可读取电能表所需时间参数、电压、电流数据，设置计算算法导出历史数据，可作为现场调试的直接工具。台区智能管理单元App界面如图3-8所示。

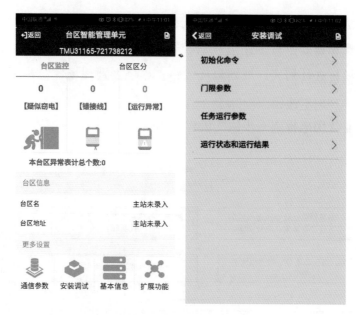

图 3 - 8 台区智能管理单元 App 界面

（2）主站后台。能够远程监测低压用户的用电状态，并自动分析出非法用电或错误接线情况。主站后台分析界面如图 3 - 9 所示。

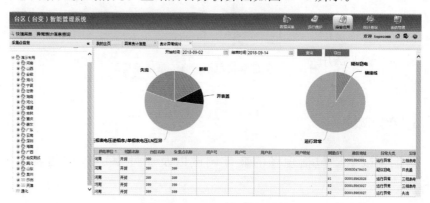

图 3 - 9 主站后台分析界面

3.4.4 非法用电户特征分析

通过远程监控，对数据进行分析，发现非法用电户主要存在以下 4 个特征：

（1）零相线电流异常（单相表）。非法用电户通过短接或绕越相线达到表计无法计量的目的。根据实际情况来看，作案方法多样，包括外部更改接线方式、表内更改内部结构及接线等，现场问题十分隐蔽，肉眼难以发现，但在台区智能管理单元中会发现其电流异常。部分非法用电场景如图 3 - 10 所示。

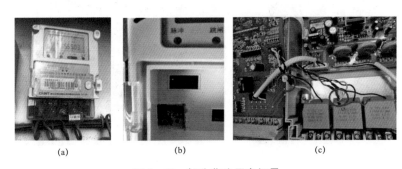

(a)　　　　　　　　(b)　　　　　　　　(c)

图 3 - 10　部分非法用电场景

（a）相线直连；（b）表内短路；（c）更改表计内部线路

（2）电能表失压、断相（三相电能表）。非法用电户通过更改表计内部线路，使本来正常的电压降低，达到少计量或不计量的目的。台区智能管理单元判定的非法用电用户中多数有失压、失流异常告警。失压断相场景如图 3 - 11 所示。

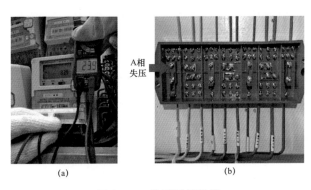

A相
失压

(a)　　　　　　　　　　(b)

图 3 - 11　失压断相场景

（a）电压低，电表少计量；（b）A 相不计量

（3）电能表开盖记录。非法用电户通过更改表计的计量回路，或者更改电能表的计量器件，达到少计量的目的。该方法具有一定的技术要求，且现场难以发现，但其在电能表内部存储有开盖记录，查处的多数非法用电户中存在开盖告警异常。非法用电用户更改计量装置场景如图 3 - 12 所示。

(a)   (b)

图 3 - 12 非法用电用户更改计量装置场景

（a）更换电表内的计量器件；（b）表计内增加控制器，远程控制表计是否计量

（4）分段线损值大。除了对电能表内部进行破坏和改造，同时存在部分用户绕越计量装置非法用电的情况。这种非法用电户常常能够通过台区智能管理单元结合分段线损排查的方式查找出来，其明显特征是随着分段次数的增加，非法用电户所在的分段线损值伴随增加，直至精确定位至该非法用电户时达到极大值。

第 4 章

非法用电查处与防范案例

4.1 在供电企业的供电设施上，擅自接线用电

4.1.1 擅自接线用电原理与特征

在供电企业的供电设施上，擅自接线用电是指非法用电者未经许可，未经供电企业的计量装置在供电企业的供电设施上直接取电用电，与绕越供电企业用电计量装置用电的区别是未在供电企业报装用电。其特征是未经供电企业计量电能表随搭随用，目前主要有三种类型，分别为在供电线路上直接搭线用电、在出线柜上直接搭线用电、私自搭接非供电企业的计量装置用电。

4.1.2 在供电企业线路上直接搭线用电

4.1.2.1 案例介绍

案例一：商铺擅自搭接供电线路非法用电

1. 案例简介

2019 年 6 月 11 日，用电检查人员在对线损异常台区用户进行排查，发现东城街道某商业街铺位 111～113 号的用户在供电企业的供电设施上擅自接线到店内设备用电。

2. 检查过程

2019 年 6 月 11 日，用电检查人员在对线损异常台区的用户进行夜间排查过程中，发现东城街道某商业街铺位 111～113 号的用户在供电企业的供电线路上擅自接线到店内专供空调、冷柜、微波炉和地扇等设备用电，属于典型的"在供电企业的供电设施上，擅自接线用电"的非法用电行为。该铺位为三间连通的烧烤店，用电性质为商业用电。

该用户涉及两个单相电能表［① 电能表标定电流 10（60）A，当时计费抄见止码为 21 590.78kW·h；② 电能表标定电流（5（80）A，当时计费表抄见止码为 3890.33kW·h］，现场清点非法用电设备容量为 23.16kW。

检查人员立即对现场进行了拍摄取证和报警处理。该户承认非法用电事实并愿意承担相关责任。

报警回执及商铺私自接线用电如图 4-1 和图 4-2 所示。

图 4-1 报警回执

图 4-2 商铺私自接线用电

案例二：居民擅自接线用电

1. 案例简介

2017 年 4 月 19 日，用电检查人员和抄表员在日常检查中，发现用户李某在计费电能表前的供电线路上擅自接线，供给房屋内设备用电。

2. 检查过程

2017 年 4 月 19 日，用电检查人员和抄表员在对线损异常台区的用户进行排查过程中，发现用户李某在计费电能表前的供电线路上擅自接线（见图 4-3），供给房屋内设备用电，造成无法计量电费，属于"在供电企业的供电设施上，擅自接线用电"的非法用电行为。

检查人员立即对现场进行了拍摄取证和报警处理，并告知用户。清点非法用电设备容量为 3.527kW，现场拆除非法用电线路和计费电能表，并中止用电。该户表示承认非法用电事实并愿意承担相关责任。

图 4-3　私自引接线路非法用电

4.1.2.2　原理分析

不法分子未向供电企业申请用电，在无供电企业的计量装置的情况下，直接在供电企业线路上搭线用电，通过另接一供电线路供用电设备使用进行非法用电。通常该类非法用电手法比较明显，此类非法用电方式一般常见小工厂、小商店、居民等用电量较小的用户。

线路运维人员可通过日常检查，或用电检查人员使用台区智能管理单元进行分段测试，可精准发现并查处此类用户。

4.1.2.3 查处要点

（1）系统筛选高损台区。

（2）主、副采集单元对变压器出线的三相电流进行采集。

（3）通过距离二分法将主、副采集单元分为线路 X1、X2，在分段点加装副采单元 1 个，进行计算。

（4）现场查处，保留非法用电证据。

4.1.3 在供电企业出线柜上直接搭线用电

4.1.3.1 案例介绍

案例一：工厂未安装电能表擅自接线非法用电

1. 案例简介

2018 年 9 月 16 日，用电检查人员经过现场排查发现一家小型家具厂的计量柜内未安装电能表，但出线直接连接到进线总开关上用电，存在擅自接线的非法用电行为。

2. 检查过程

2018 年 9 月 16 日，用电检查人员根据线损分析情况发现某 10kV 某线路线损率长期偏高，怀疑存在非法用电行为，随即派出用电检查人员对该线路下用户逐户检查。经过仔细排查，发现一小型家具厂的计量柜内没有安装电能表（见图 4-4），但出线已直接接到进线总开关上用电（见图 4-5），现场清点非法用电设备容量为 52kW。根据用户生产资料，确定用户非法用电 152 天。

检查人员立即对现场进行了拍摄取证和报警处理，在事实面前，该厂负责人承认非法用电事实并愿意承担相关责任。

图4-4 计量柜内未安装电能表

图4-5 已送电的变压器

案例二：商铺私引低压柜出线非法用电

1. 案例简介

2018年8月20日，用电检查人员在对线损异常台区用户进行排查，发现某物业管理有限公司在住宅小区低压柜P4051开关后端私自接线，将电源供给某商铺寿司店用电。

2. 检查过程

2018年8月20日，用电检查人员在对线损异常台区的用户进行排查过程中，发现某物业管理有限公司（该户合同容量为51.24kW）在未接管抄表到户的住宅小区低压柜P4051开关后端接线，电源供给某商铺做寿司店用电，用电性质为商业用电，计量方式为低供低计。属于在供电线路上擅自接线，造成无法计量电费，存在"在供电企业的供电设施上，擅自接线用电"的非法用电行为。

检查人员立即对现场进行了拍摄取证并报警，清点非法用电设备容量为51.24kW，现场拆除非法用电线路，因该户铺位租客需要用电，铺位电源接回原有的商业性质变压器出使用，用户自装分表资产号为 076310，电流互感器为 100/5A，倍率为 20 倍，电能表抄见有功止码为 98575。该户表示承认非法用电事实并愿意承担相关责任。

私自在低压柜开关后端接线非法用电如图 4-6 所示。

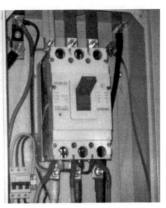

图 4-6　私自在低压柜开关后端接线非法用电

4.1.3.2　原理分析

与搭线在供电线路上非法用电的方式类似，不法分子未向供电企业申请用电，在无供电企业的计量装置的情况下，直接在供电企业出线柜上搭线用电，通过另接一供电线路供用电设备使用进行非法用电。相对搭线在供电线路上非法用电的方式，此类非法用电手法比较隐蔽，此类非法用电方式一般常见工厂、商铺等用电量较大的用户。

线路运维人员可通过日常检查，或用电检查人员使用台区智能管理单元，进行分段测试，可精准发现并查处此类用户。

4.1.3.3　查处要点

（1）系统筛选高损台区或线路。

（2）主、副采集单元对变压器出线的三相电流进行采集。

（3）通过距离二分法将主、副采集单元分为线路 X1、X2，在分段点加装副采集单元 1 个，进行计算。

（4）现场查处，保留非法用电证据。

4.1.4 私自搭接非供电企业的计量装置用电

4.1.4.1 案例介绍

案例一：居民私挂非局属电能表非法用电

1. 案例简介

2016年3月8日，用电检查人员到某镇大宁北坊七巷23号进行用电检查，发现该户擅自悬挂简易计量箱并安装非供电局资产三相电能表直接接入街线用电。

2. 检查过程

2016年3月8日，用电检查人员到某镇大宁北坊七巷23号进行用电检查，发现该户擅自悬挂简易计量箱并安装非供电局资产三相电能表直接接入街线用电，造成无法计量电费，属于典型的"在供电企业的供电设施上，擅自接线用电"的非法用电行为。

检查人员立即对现场进行了拍摄取证和报警处理，现场清点非法用电设备容量为7.5kW，现场拆除非法用电线路并中止用电。该户表示承认非法用电事实并愿意承担相关责任。

报警回执和私自安装非局属电能表非法用电如图4-7和图4-8所示。

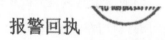

报警回执

回执号：

_____先生

您于2016年3月8日18时2分到我单位报案，兹所报情况我单位已如实登记受理。如处理需要，我单位会主动与您取得联系；您所报情况如有新的补充或查询案件处理的进展情况，请与我单位联系。

单位名称（盖章）：

图4-7 报警回执

简易计量箱

表后线

图 4-8　私自安装非局属电能表非法用电

案例二：临时基建私挂非局属电能表非法用电

1. 案例简介

2018 年 5 月 25 日，用电检查人员到某镇北坊新区六巷 5 号检查用电情况，发现该用户在旁边一栋建筑物自行安装非供电局资产计量三相电能表用电。

2. 检查过程

2018 年 5 月 25 日，用电检查人员到用电地址：某镇北坊新区六巷 5 号旁检查用电情况，发现该用户旁边一栋临时基建，用户自行安装非供电局资产计量三相电能表用电而造成供电企业无法计量电量。

检查人员立即对现场进行了拍摄取证和报警处理，现场清点非法用电设备容量为 7.5kW，现场拆除非法用电线路并中止用电。该户表示承认非法用电事实并愿意承担相关责任。

临时基建未安装局属电能表如图 4-9 所示。

图 4 - 9 临时基建未安装局属电能表

4. 1. 4. 2 原理分析

不法分子未向供电企业申请用电，在无供电企业的计量装置的情况下，直接在供电企业供电设施搭线用电，同时非法安装计量装置进行电能计量。此类非法用电方式一般常见出租屋、转供电等用电量用户。

线路运维人员可通过日常检查，或用电检查人员使用台区智能管理单元，进行分段测试，可精准发现并查处此类用户。

4. 1. 4. 3 查处要点

（1）系统筛选高损台区或线路。

（2）主、副采集单元对变压器出线的三相电流进行采集。

（3）通过距离二分法将主、副采集单元分为线路 X1、X2，在分段点加装副采集单元 1 个，进行计算。

（4）现场查处，保留非法用电证据，特别是用户计量数据和用户电费收据。

4. 1. 5 查处流程

1. 检查前准备

（1）信息收集。通过实地查看、卫星地图等途径，了解厂区布置、配电房位置、通道情况以及外部环境，为现场检查做好准备。

（2）工具准备。工器具的准备以满足现场检查、取证的需要为原则。常用工器具包含尖嘴钳、平头钳、各种螺钉旋具、验电笔、万用表、相位伏安表、钳表、用电检查仪、对讲机、数码相机、录像机。

2. 现场检查

（1）专用仪表（台区智能管理单元）检查。

1）主、副采集单元安装（线路始末端）；

2）线路始末端实时电流值采集；

3）电流差值比对；

4）线路二分法进行分段，根据分段线损加装副采单元；

5）不断进行线路分段，直到锁定非法用电户。

（2）直观检查法。

1）检查供电企业所属公用高低压线路是否存在被非法搭接引出电源用电。

2）高供低计、低供低计电能计量/配电箱（柜）检查、测量；用户电源进线隐蔽缆线由电源引接点至用户设备的全程检查。

3）检查用户是否与供电企业签订有《供用电合同》、相关协议或已经与供电企业形成了事实上的合法供用电关系。

3. 证据取集

（1）确认实际非法用电点及其情况。

（2）对可用于证明用户非法用电行为的现场实际用电设备、器具等物品进行必要的拍照、摄像与登记。

（3）收集用户产品、产量、产值统计和产品单耗数据，特别是用户计量数据和用户电费收据。

（4）收集可用于证明非法用电时间的相关信息材料。

（5）用户及第三方人员签名。

（6）收集专业试验、专项技术检定结论材料（后期）。

4. 非法用电告知

（1）出具《客户违约用电、窃电确认书》。

（2）要求用户（签名）书面确认非法用电事实。

4.1.6 整改与防范措施

（1）根据《供电营业规则》第一百零三条规定，对用户非法用电行为应予制止并可当场中止供电。

（2）非法用电者应按非法所获得电量补交电费，并承担补交电费三倍的违约使用电费。拒绝承担非法用电责任的，供电企业应报请电力管理部门依法处理。非法用电数额较大或情节严重的，供电企业应提请司法机关依法追究刑事责任。

（3）规范低压电力线路架设，对于低压电力线路架设，应标清晰，减少迂回，便于直观检查，防范表前私拉乱接。

（4）周期检查除对用户用电行为和设备进行检查外，应结合线路运维部门巡视计划，对线路进行巡视，防范擅自接线用电行为。

（5）利用线损四分法，每月跟踪线路、台区线损情况，实时监控线路、台区用电情况，对于高损线路和台区特别警惕，立即核实处理，避免出现非法用电行为。

（6）与公安部门联合行动。擅自接线用电用户比较胆大无视法律法规，应与公安人员协同查处非法用电案件，让非法用电者意识到事件的严重性，增加威慑力。通过公安部门追究刑事责任，标本兼治。

（7）建立举报和奖励制度。根据《供电营业规则》第一百零五条，供电企业对检举、查获非法用电或违约用电的有关人员应给予奖励。供电企业应拓宽举报渠道，如电话、微信、网站、邮件等方式，同时按照当地的奖励办法进行奖励。

（8）营造反窃社会氛围，坚守长效机制。加大宣传力度，深入开展电力法律法规的宣传工作，营造良好的舆论氛围，培养全体社会成员依法用电意识。

4.2 绕越供电企业用电计量装置用电

4.2.1 绕越计量装置用电原理与特征

绕越计量装置用电是指未经许可，未经供电企业的计量装置在供电企业的供电设施上直接取电用电，与擅自接线用电区别是用户已供电企业报装用电。其特征是未经供电企业计量电表随搭随用，目前主要为两种类型，分别为普通绕越计量装置、在隐蔽工程绕越计量装置用电。

4.2.2 普通绕越计量装置非法用电

4.2.2.1 案例介绍

案例一：居民绕越计量装置私自接线非法用电

1. 案例简介

2019 年 5 月 23 日，用电检查人员在对线损异常台区进行排查，发现某区 9 巷钟某处有一回路绕过计量装置直接接表前线用电。

2. 检查过程

2019 年 5 月 23 日，用电检查人员在对线损异常的台区进行排查过程中，发现某区 9 巷钟某处有一回路绕过计量装置直接接表前线用电（见图 4-10），造成无法计算该回路用电，该户合同容量为 4.4kW，计量方式为低供低计，用电类别为居民生活，该行为属于"绕越供电企业计量装置用电"的非法用电行为。

用电检查人员立刻报警及对现场进行了拍摄取证，并对该址做出中止用电的处理，清点非法用电设备容量为 5.384kW；现场计费电能表抄见有功止码为 5227.56kW·h。该用户承认非法用电并表示愿意承担相关责任。

图 4-10　绕越计量电能表接线非法用电

案例二：商铺于表前总开关私引线路非法用电

1. 案例简介

2018 年 6 月 20 日，用电检查人员到某镇中西区进行检查，发现某商铺私自在计费电能表前总开关处接线安装一个非供电企业的三相电能表用电。

2. 检查过程

2018 年 6 月 20 日，用电检查人员到某镇中西区进行用电检查，发现某商铺的计量装置用电异常，存在非法用电嫌疑。该用户报装容量为 5kW，计量方式为低供低计，用电类别为居民生活用电，经检查发现该户私自在计费电能表前总开关处接线安装一个非供电企业的三相电能表供电给商铺使用。该行为属于"绕越供电企业计量装置用电"的非法用电行为。

确认非法用电行为后，立刻进行报警处理，对现场进行拍摄取证，现场拆除非法用电线路，对该用户非法用电部分做停止供电处理，现场清点非法用电设备容量为 3.31kW，当时计费电能表抄见有功止码为 3331.38。该用户承认其非法用电行为，并表示愿意承担相关责任。

报警回执及安装非局属电能表绕越计量装置非法用电如图 4-11 和图 4-12 所示。

报警回执

回执号：　44190▓▓▓▓▓▓▓

▓▓▓先生

您于2018年6月20日11时18分到我单位报案，兹所报情况我单位已▓实登记受理。如处理需要，我单位会主动与您取得联系；您所报情况如▓新的补充或查询案件处理的进展情况，请与我单位联系。

单位名称（盖章）：

图 4-11　报警回执

图 4-12　安装非局属电能表绕越计量装置非法用电

案例三：非居民用户私自开封绕越计量装置非法用电

1. 案例简介

2016年4月25日，用电检查人员到某花店进行用电检查，发现计量装置前保护开关封印被人为破坏，开关出线端有两路线路输出，一路经过计量装置供电，一路绕越计量装置进行非法用电。

2. 检查过程

2016年4月25日，用电检查人员到某花店进行用电检查，该用户报装容量为15kW，计量方式为低供低计，检查发现计费电能表封印完整，但计量装置前保护开关封印被人为破坏，存在非法用电嫌疑。经检查，发现保护开关出线端有两路线路输出，一路经过计量装置，一路绕越计量装置输出供电（见图4-13），确认其非法用电行为，该行为属于"伪造或者开启供电企业加封的用电计量装置封印用电"和"绕越供电企业计量装置用电"的非法用电行为。

确认非法用电行为后，立刻进行报警处理，现场对非法用电线路进行测量，测得A相电流为19.5A，B相电流为25.5A，C相电流为22.5A。现场清点非法用电设备总容量为11.5kW。

检查人员在公安人员的协助下，对现场进行拍摄取证，现场对非法用电部分进行中止非法用电部分用电。在事实面前，该用户承认其非法用电行为，并表示愿意承担相关责任。

图4-13 绕越计量装置用电开关接线非法用电

4.2.2.2 原理分析

绕越计量装置非法用电是指未经供电企业许可，直接未经供电企业的计量装置在供电企业线路上搭线用电，通过另接一供电线路供用电设备使用进行非法用电。普通绕越计量装置非法用电通常非法用电手法比较明显，此类非法用电方式一般常见工厂、商店、居民等用户。

用电检查人员可通过检查计量装置或使用台区智能管理单元，进行分段测试，可精准发现并查处此类用户。

4.2.2.3　查处要点

（1）系统筛选高损台区。

（2）主、副采集单元对变压器出线的三相电流进行采集。

（3）通过距离二分法将主、副采集单元分为线路 X1、X2，在分段点加装副采单元 1 个，进行计算。

（4）实测用户负荷情况，换算后与电能表数据对比。

（5）用户电源进线由电源引接点至用户设备的全程检查。

（6）现场查处，保留非法用电证据。

4.2.3　隐蔽工程绕越计量装置用电

4.2.3.1　案例介绍

案例一：商业用户通过隐蔽工程绕越计量装置用电

1. 案例简介

2012 年 7 月 12 日，某局收到群众举报信息，随即派遣用电检查人员到某有限公司进行用电检查，发现该用户配电变压器的计费电能表前增私加一组线路用电。

2. 检查过程

2012 年 7 月 12 日，用电检查人员根据群众举报信息，到某有限公司进行用电检查，发现该用户配电变压器（容量为 1 台 315kVA）的计费电能表前的一次电缆母线处存在引接线路，并通过空心柱隐藏电缆，绕越电能表用电。

用电检查人员立刻报警及对现场进行拍摄取证，并做出中止用电处理，当时计费电能表抄见有功止码为 8246kW·h。该公司并表示愿意承担相关责任。

报警回执及电缆母线处存在引线的非法用电线路如图 4-14～图 4-16 所示。

报警回执

回执号：

■■■女士：

您于2012年7月12日22时10分到我单位报案，兹所报情况我单位已如实登记受理。如处理需要，我单位会主动与您取得联系。您所报情况如有新的补充或查询案件处理的进展情况，请与我单位联系。

单位名称（盖章）：

二〇一二年七月十六日

图 4-14　报警回执

打开地板露出窃电电缆并接点

变压器入内的电源母线

图 4-15　电缆母线处存在引接的非法用电线路

假柱子内藏窃电电缆外貌

将假柱子打开后露出内藏窃电电缆

图 4-16　内藏电缆的空心柱

4.2.3.2 原理分析

绕越计量装置非法用电是指未经供电企业许可，直接未经供电企业的计量装置在供电企业线路上搭线用电，通过另接一供电线路供用电设备使用。通过隐蔽工程绕越计量装置用电通常手法比较隐蔽，用电检查人员可通过检查计量装置或使用台区智能管理单元，进行分段测试和电量比对的方式，可精准发现并查处此类用户。

4.2.3.3 查处要点

（1）系统筛选高损台区。

（2）主、副采集单元对变压器出线的三相电流进行采集。

（3）通过距离二分法将主、副采集单元分为线路 X1、X2，在分段点加装副采单元 1 个，进行计算。

（4）实测用户负荷情况，换算后与电表数据对比。

（5）用户电源进线隐蔽缆线由电源引接点至用户设备的全程检查。

（6）现场查处，保留非法用电证据。

4.2.4 查处流程

1. 检查前准备

（1）信息收集。通过实地查看、卫星地图等途径，了解厂区布置、配电房位置、通道情况以及外部环境，为现场检查做好准备。

（2）工具准备。工器具的准备以满足现场检查、取证的需要为原则。常用工器具包含尖嘴钳、平头钳、各种螺钉旋具、验电笔、万用表、相位伏安表、钳表、用电检查仪、对讲机、数码相机、录像机。

2. 现场检查

（1）专用仪表（台区智能管理单元）检查。

1）主、副采集单元安装（线路始末端）。

2）线路始末端实时电流值采集。

3）电流差值比对。

63

4）线路二分法进行分段，根据分段线损加装副采单元。

5）不断进行线路分段，直到锁定非法用电户。

（2）直观检查法。用户电源进线隐蔽缆线由电源引接点至用户设备的全程检查。

（3）电量检查法。实测用户负荷情况，计算用电量，然后与电能表的计量电能数据对照检查。

3. 证据取集

（1）确认实际非法用电点及其情况。

（2）对可用于证明用户非法用电行为的现场实际用电设备、器具等物品进行必要的拍照、摄像与登记。

（3）收集用户产品、产量、产值统计和产品单耗数据。

（4）收集可用于证明非法用电时间的相关信息材料。

（5）用户及第三方人员签名。

（6）收集专业试验、专项技术检定结论材料（后期）。

4. 非法用电告知

（1）出具《客户违约用电、窃电确认书》。

（2）要求用户（签名）书面确认非法用电事实。

4.2.5 整改与防范措施

（1）根据《供电营业规则》第一百零三条规定，对用户非法用电行为应予制止并可当场中止供电。

（2）非法用电者应按非法用电电量补交电费，并承担补交电费 3 倍的违约使用电费。拒绝承担非法用电责任的，供电企业应报请电力管理部门依法处理。非法用电数额较大或情节严重的，供电企业应提请司法机关依法追究刑事责任。

（3）规范低压电力线路架设，对于低压电力线路架设，应标清晰，减少迂回，便于直观检查，防范表前私拉乱接。

（4）业扩管理防治非法用电。签订《供用电合同》，约定非法用电条款，在供电方案、竣工验收环节核对用户图纸及现场接线情况，特别是隐蔽和半隐蔽工程位置，禁止暗藏支线和预留分支接口；核对电能计量装置，中途不得有分支或接口，事前防范非法用电。

（5）计量管理防治非法用电。建立和完善计量、封印台账，以便查验核对；实行定期校验和轮换制度；2 人或以上工作，同时仔细核对计量接线情况。

（6）抄核收防治非法用电。实行抄表考核制度，线路、台区线损指标考核具体到抄表责任人；刚性执行抄表轮换制度；日常抄表前，必须检查用电计量装置。

（7）用电检查防治非法用电。严格按照用电检查管理办法，定期对辖区内的用户开展用电检查。根据线路、台区线损情况，开展反非法用电专项检查。周期检查除对用户用电行为和设备进行检查外，应结合线路运维部门巡视计划，对线路进行巡视，防范绕越用电计量装置非法用电行为。

（8）利用线损四分法，每月跟踪线路、台区线损情况，实时监控线路、台区用电情况，对于高损线路和台区特别警惕，立即核实处理，避免出现非法用电行为。

（9）与公安联手行动。与公安人员协同查处非法用电案件，让非法用电者感觉到事件的严重性，增加威慑力。通过公安部门追究刑事责任，标本兼治。

（10）建立举报和奖励制度。根据《供电营业规则》第一百零五条，供电企业对检举、查获非法用电或违约用电的有关人员应给予奖励。供电企业应拓宽举报渠道，如电话、微信、网站、邮件等方式，同时按照当地的奖励办法进行奖励。

（11）营造反非法用电社会氛围，坚守长效机制。加大宣传力度和广度，深入开展电力法律法规的宣传工作，营造强大的舆论氛围，培养全体社会成员依法用电意识。

4.3 故意损坏供电企业用电计量装置

4.3.1 故意损坏计量装置原理与特征

故意损坏计量装置是指非法用户故意破坏供电企业的用电计量装置，使计费电能表失灵或损坏，最终达到少交或不交电费的目的。其一般都需要破坏计量装置箱体，作案特征比较明显，常见方式包括破坏计量电能表、破坏互感器。

4.3.2 破坏供电企业计费电能表用电

4.3.2.1 案例介绍

案例一：破坏用电计量电能表进行非法用电

1. 案例简介

2017 年 4 月 19 日，用电检查人员到用户李某处进行用电检查，发现该户表箱铅封已被人为拆除，计费电能表也被人为破坏，造成不能正常运转而失准。

2. 检查过程

2017 年 4 月 19 日，用电检查人员对用电异常用户进行排查工作，发现某镇锦厦六坊南巷李某的计费电能表在 2016 年 11 月、2017 年 1 月有较高的波动偏差，存在用电异常（该用户报装容量为 11kW，计量方式为低供低计，用电类别为居民生活用电）。于是派出用电检查人员对李某处进行了现场检查，现场发现用户表箱铅封和计费电能表铅封被人为破坏，造成计费电能表不能正常运转而失准，属于"故意损坏供电企业用电计量装置"和"故意使供电企业用电计量装置不准或失效"的非法用电行为。

检查人员随即对现场进行拍摄取证，并进行了报警，清点非法用电设备总容量共 31.308kW。在事实面前，李某承认其非法用电行为，并表示愿意承担相关责任。

案例二：破坏并更换用电计量装置进行非法用电

1. 案例简介

2017 年 6 月 5 日，用电检查人员根据抄表员提供的信息，到某镇上角社区王某处进行用电检查，发现该户计费电能表也被人为破坏，且私自更换成非电网资产电表，造成不能正常计费。

2. 检查过程

2017 年 6 月 5 日，用电检查人员根据抄表员提供的信息，到某镇上角社区王某处进行用电检查（该户报装容量为 3kW，计量方式为低供低计，用地按类别为商业用电），发现该户表箱铅封已被人为拆除，计费电能表也被人为破坏，且私自更换成非电网资产电表，造成不能正常计费，属于"故意损坏供电企业用电计量装置"的非法用电行为。

检查人员随即对现场进行拍摄取证，并进行了报警（见图 4 - 17），清点非法用电设备总容量共 4.468kW。在事实面前，王某承认其非法用电行为，并表示愿意承担相关责任。

图 4 - 17　南网资产计费电能表（左一），用户私装电表（右一）

4.3.2.2 原理分析

故意损坏电能表是指故意破坏供电企业的计费电能表，达到少交或不交电费的目的。其特征比较明显，一般可通过外表检查发现。可通过计量自动化系统异常报警或使用台区智能管理单元，进行分段测试和电量比对的方式，可精准发现并查处此类用户。

4.3.2.3 查处要点

（1）系统筛选高损台区。

（2）主、副采集单元对变压器出线的三相电流进行采集。

（3）通过距离二分法将主、副采集单元分为线路 X1、X2，在分段点加装副采单元 1 个，进行计算。

（4）筛查计量自动化系统异常报警数据。

（5）电能计量装置外观检查电能计量装置（包括电能表、计量互感器及其二次回路）是否缺失；状态是否良好，是否存在明显的被人为损坏的痕迹。

（6）现场查处，保留非法用电证据。

4.3.3 破坏供电企业互感器用电

4.3.3.1 案例介绍

案例一：剪断互感器接线非法用电

1. 案例简介

2019 年 2 月 15 日，用电检查人员到某镇三涌村吴某处进行用电检查，发现该户表箱铅封已被人为破坏，计费电能表 B 相失流，造成计费不准。

2. 检查过程

2019 年 2 月 15 日，用电检查人员到某镇三涌村吴某处进行用电检查（该用户报装容量为 50kW，计量方式为低供低计，用电类别为商业用电，电流互感器变比为 100/5），发现该户擅自开启供电企业加封的用电计量装置封印，并剪断 B 相电流互感器的 K2 接线（见图 4 - 18），导致 B 相失流，造成不能正常计费，属于"伪造或者开启供电企业加封的用电计量装置封印用电"和"故意损坏供电企业用电计量装置"的非法用电行为。

检查人员随即对现场进行拍摄取证，并进行了报警，清点非法用电设备总容量共 17.36kW。在事实面前，李某承认其非法用电行为，并表示愿意承担相关责任。

图 4 - 18 现场被剪断并用胶布伪装的 B 相电流互感器接线

4.3.3.2 原理分析

故意损坏互感器是指故意破坏供电企业的互感器，使其计量不准或者失效，达到少交或不交电费的目的。其特征比较明显，一般可通过表箱或互感器外表检查发现。可通过计量自动化系统异常报警或使用台区智能管理单元，进行分段测试和电量比对的方式，可精准发现并查处此类用户。

4.3.3.3 查处要点

（1）系统筛选高损台区。

（2）主、副采集单元对变压器出线的三相电流进行采集。

（3）通过距离二分法将主、副采集单元分为线路 X1、X2，在分段点加装副采单元 1 个，进行计算。

（4）筛查计量自动化系统异常报警数据。

（5）电能计量装置外观检查电能计量装置（包括电能表、计量互感器及其二次回路）是否缺失；状态是否良好，是否存在明显的被人为损坏的痕迹。

（6）现场查处，保留非法用电证据。

4.3.4 查处流程

1. 检查前准备

（1）信息收集。通过实地查看、卫星地图等途径，了解厂区布置、配电房位置、通道情况以及外部环境，为现场检查做好准备。

（2）工具准备。工器具的准备以满足现场检查、取证的需要为原则。常用工器具包含尖嘴钳、平头钳、各种螺丝刀、验电笔、万用表、相位伏安表、钳表、用电检查仪、对讲机、数码相机、录像机。

2. 现场检查

（1）仪表检查法。

台区智能管理单元检查：

1）主、副采集单元安装（线路始末端）；

2）线路始末端实时电流值采集；

3）电流差值比对；

4）线路二分法进行分段，根据分段线损加装副采单元；

5）不断进行线路分段，直到锁定非法用电户。

电能表检查：

1）将标准电能表与被测电能表同时接入被测电路；

2）在同一时间段共同计量电能，比较检查。

（2）直观检查法。检查电能计量装置外观，检查电能计量装置包括电能表、计量互感器及其二次回路是否缺失。

（3）电量检查法。实测用户负荷情况，计算用电量，然后与电能表的计量电能数据对照检查。

3. 证据取集

（1）确认实际非法用电点及其情况。

（2）对可用于证明客户非法用电行为的现场实际用电设备、器具等物品进行必要的拍照、摄像与登记。

（3）收集用户产品、产量、产值统计和产品单耗数据。

（4）收集可用于证明非法用电时间的相关信息材料。

（5）用户及第三方人员签名。

（6）收集专业试验、专项技术检定结论材料（后期）。

4. 非法用电告知

（1）出具《客户违约用电、窃电确认书》。

（2）要求用户（签名）书面确认非法用电事实。

4.3.5　整改与防范措施

（1）根据《供电营业规则》第一百零三条规定，对用户非法用电行为应予制止并可当场中止供电。

（2）非法用电者应按所非法用电量补交电费，并承担补交电费 3 倍的违约使用电费。拒绝承担非法用电责任的，供电企业应报请电力管理部门依法处理。非法用电数额较大或情节严重的，供电企业应提请司法机关依法追究刑事责任。

（3）业扩管理防治非法用电。签订《供用电合同》，约定非法用电条款，在供电方案、竣工验收环节核对用户图纸及现场接线情况，特别是隐蔽和半隐蔽工程位置，禁止暗藏支线和预留分支接口；核对电能计量装置，中途不得有分支或接口，事前防范非法用电。

（4）计量管理防治非法用电。建立和完善计量、封印台账，以便查验核对；实行定期效验和轮换制度；2 人或 2 人以上工作，同时仔细核对计量接线情况。

（5）抄核收防治非法用电。实行抄表考核制度，线路、台区线损指标考核具体到抄表责任人；刚性执行抄表轮换制度；日常抄表前，必须检查用电计量装置。

（6）用电检查防治非法用电。严格按照用电检查管理办法，定期对辖区内的用户开展用电检查。根据线路、台区线损情况，开展反非法用电专项检查。周期检查除对用户用电行为和设备进行检查外，应结合线路运维部门巡视计划，对线路进行巡视，防范破坏计量装置非法用电行为。

（7）利用线损四分法，每月跟踪线路、台区线损情况，实时监控线路、台区用电情况，对于高损线路和台区特别警惕，立即核实处理，避免出现非法用电行为。

（8）与公安机构联手行动。直接破坏的用户比较胆大无视法律法规，应与公安人员协同查处非法用电案件，让非法用电者感觉到事件的严重性，增加威慑力。通过公安部门追究刑事责任，标本兼治。

（9）建立举报和奖励制度。根据《供电营业规则》第一百零五条，供电企业对检举、查获非法用电或违约用电的有关人员应给予奖励。供电企业应拓宽举报渠道，如电话、微信、网站、邮件等方式，同时按照当地的奖励办法进行奖励。

（10）营造反非法用电社会氛围，坚守长效机制。加大宣传力度和广度，深入开展电力法律法规的宣传工作，营造强大的舆论氛围，培养全体社会成员依法用电意识。

4.4 故意使供电企业用电计量装置不准或者失效

4.4.1 故意使供电企业用电计量装置不准或者失效原理和特征

故意使供电企业用电计量装置不准或者失效是指非法用户通过破坏供电企业加封的封印，进一步破坏、改造计量装置，然后加以伪装，造成未对计量装置动过手脚的假象，达到非法用电的目的。主要方式包括更改互感器、加装控制装置、加装电子元件、更改接线盒连片。

4.4.2 更改互感器用电

4.4.2.1 案例介绍

案例一：工厂利用铜线在二次电流线上短接非法用电

1. 案例简介

2018 年 4 月，用电检查人员通过审核营销系统上的电量记录的异常数据，发现某建材厂存在非法用电嫌疑，现场检查发现用户利用铜线在二次电流线上进行短接非法用电。

2. 检查过程

2018 年 4 月，用电检查人员经过长期观察，发现某建材厂在电力营销系统上的电量记录异常，用电检查人员立刻对该用户进行用电检查，突击检查时遭该厂人员阻挠、围攻。用电检查人员利用计量自动化系统监测该厂用电情况，发现其用电异常情况依旧，存在重大非法用电嫌疑。

某供电局立刻联合公安部门成立专项行动小组，发现在高压电表表箱外的封条已被破坏，停电登杆检查高压组合式互感器，发现高压计量 TA 的铅封被人为破坏。并对套管内高压电表二次进行拆管检查，发现接近高压电能表接线盒的套管内的高压计量二次电流线的绝缘层已被人为剥开（见图 4-19），非法用电分子利用铜线在二次电流线上进行短接偷电。

检查人员随即对现场进行拍摄取证，在公安人员的协助和事实面前，某建材厂承认其非法用电行为，并表示愿意承担相关

图 4-19 绝缘层被剥开并短路

责任。

案例二：电子公司改动电能表内部线圈非法用电

1. 案例简介

用电检查人员到某电子公司进行用电检查，发现该户配电变压器的计量柜体的前门封印被人为破坏并伪造。经检定，该电能表电流互感器被破坏，线圈被人为处理减少1圈，造成电量少记。

2. 检查过程

2012年9月，用电检查人员根据群众举报信息，到某电子有限公司进行用电检查，发现该用户配电变压器（容量为1台400kVA）的计量柜体的前门封印被人为破坏并伪造。计费电能表及参考表的表计封印也被人为破坏，非法用电痕迹明显。送至第三方检测发现，该计费电能表内部电流互感器线圈被人为减少1圈，造成计量减少，构成非法用电。

确定用户有非法用电行为后，用电检查人员对非法用电现场拍照取证，并进行了报警，并对该户作停电处理。现场拆除计费电能表及参考表送华南国家计量测试中心检定。用户承认其非法用电行为，并愿意承担相关责任。

报警回执、现场计量柜封印被人为破坏及电能表电流采样互感器被人为减少匝数如图4-20～图4-23所示。

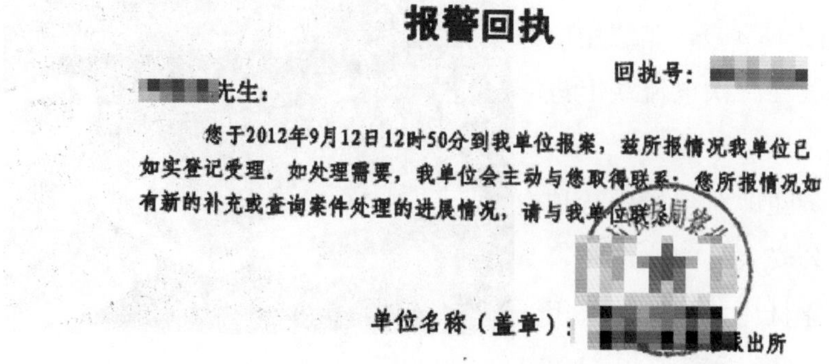

报警回执

回执号：▇▇▇

▇▇▇先生：

您于2012年9月12日12时50分到我单位报案，兹所报情况我单位已如实登记受理。如处理需要，我单位会主动与您取得联系；您所报情况如有新的补充或查询案件处理的进展情况，请与我单位联系▇▇▇。

单位名称（盖章）：▇▇▇▇出所

图4-20 报警回执

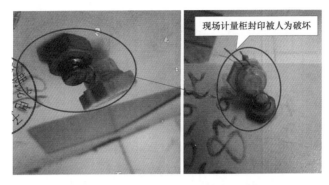

图 4 - 21　现场计量柜封印被人为破坏

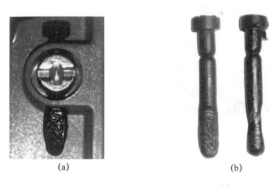

图 4 - 22　计费电能表封印被人为破坏

（a）正常时的铅封图片；（b）被人为破坏的铅封图片

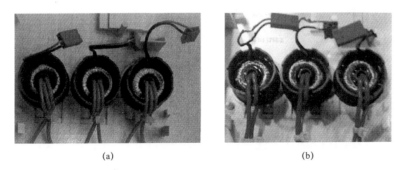

图 4 - 23　涉案电能表电流采样互感器被人为减少匝数

（a）电表正常时的电流采样端子图；（b）被人为减少 1 圈感应线圈的图片

案例三：物业公司私自更换计费电流互感器非法用电

1. 案例简介

用电检查人员通过线损排查分析数据异常，发现某物业管理有限公司通过私自更换计费电流互感器，使计量失准少计电量的方式进行非法用电。

2. 检查过程

用电检查人员通过线损排查分析发现某物业管理有限公司存在重大非

图4-24　更换铭牌的互感器

法用电嫌疑。用电检查人员对某物业管理有限公司进行现场检查，经反复检查后判断电流互感器倍率存在问题，发现用户私自更换计费电流互感器，将800/5A互感器更换为1200/5A互感器计量，并将800/5A电流互感器铭牌拆下贴在1200/5A电流互感器上（见图4-24），使计量失准，少计电量。现场检测测得数据见表4-1。

表4-1　　　　　　　　　　　　现场检测测得数据

检查项	一次用电负荷			电表电流		
电流（A）	373	375	319	1.53	1.45	1.15

检查人员随即对现场进行拍摄取证，并进行了报警，在事实面前，该用户承认其非法用电行为，并表示愿意承担相关责任。

4.4.2.2　原理分析

更动电流互感器主要包括短接电流互感器二次回路、改变电能表内电流互感器线圈圈数和私自更换计费电流互感器非法用电等方式，来达到故意使供电企业用电计量装置不准或者失效的目的。其特征一般比较隐蔽，可通过计量自动化系统异常报警或使用台区智能管理单元，进行分段测试和电量比对的方式，锁定此类用户，再通过档案资料核对（表类别、变比、局编、厂编），必要时更换、拆下相关计量器具，封存，送专业部门、单位检定，确定该用户非法用电行为。

4.4.2.3 查处要点

（1）系统筛选高损台区。

（2）主、副采集单元对变压器出线的三相电流进行采集。

（3）通过距离二分法将主、副采集单元分为线路 X1、X2，在分段点加装副采单元 1 个，进行计算。

（4）筛查计量自动化系统异常报警数据。

（5）档案资料核对（表类别、变比、局编、厂编）。

（6）检查电能计量装置外观，检查电能计量装置包括电能表、计量互感器及其二次回路是否缺失；状态是否良好，是否存在明显的被人为损坏的痕迹。

（7）二次回路接线检查。

（8）下载表计、负控终端一段时期内的运行数据、事件记录并进行分析。

（9）更换、拆下相关计量器具，封存，送专业部门、单位检定。

（10）现场查处，保留非法用电证据。

4.4.3 加装控制装置用电

4.4.3.1 案例介绍

案例一：专用变压器用户对计量装置加反相电流用电

1. 案例简介

2017 年 5 月，用电检查人员发现一高供低计专用变压器用户三相电流出现阶段性不平衡现象，经突击检查，发现该用户使用一台非法用电装置对计量装置加反相电流用电。

2. 检查过程

2017 年 5 月，用电检查人员通过分析计量自动化系统报警事件及瞬时量数据，发现一高供低计专用变压器用户三相电流出现阶段性严重不平衡现象，且间歇性出现三相总功率明显不等于分相功率之和，套用典型非法用电模型进行分析，符合 A 相电流人为反极性的电流移相用电特征，存在重大的非法用电嫌疑。

用电检查人员立刻对现场突击检查，发现该用户现场正使用一台装置进行非法用电。该装置利用一根长铁针通过表箱百叶窗的间隙插入接线端子盒的 A 相电流输入端（即 A 相 TA 的 K1 端），长铁针在接线端子盒 A 相电流进线处外加一个虚拟的反向电流（见图 4 - 25），使输入电能表 A 相二次电流反极性，从而导致总功率少计，属于电流移相法非法用电的一种典型手法。

  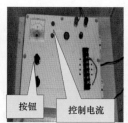 

图 4 - 25　非法用电现场（长针通过表箱百叶窗间隙插入）和非法用电装置

检查人员随即对现场进行拍摄取证，并进行了报警，在事实面前，该专用变压器用户承认其非法用电行为，并表示愿意承担相关责任。

案例二：金属厂在接线盒加装遥控装置用电

1. 案例简介

2014 年 11 月，某供电局用电检查人员通过远程监控系统监测的数据，发现某金属制品有限公司电流和电量数据异常，经过用电检查，发现用户在联合接线盒内加装电子模块，用户通过遥控控制电子模块用电。

2. 检查过程

2014 年 11 月，某供电局用电检查人员通过远程监控系统监测的数据，发现某金属制品有限公司电流、电量数据有异常，通过对比分析该公司的实际用电负荷的一次电流与流入计费电能表计的二次电流，按 TA 变比折算后存在较大差异。存在非法用电嫌疑。

用电检查人员随即对该公司进行检查，该公司故意阻挠，停掉生产线，给检查工作带来了巨大麻烦。检查人员通过测量的数据初步判断，流入计费表计表脚的 B 相二次电流有疑问，于是进一步细致检查，发现联合接线盒后盖稍微有些鼓起，当即卸下后盖盖板后，发现联合接线盒内加装遥控装置（见图 4 - 26），该遥控装置可以通过遥控实现非法用电和正常用电之间转换。

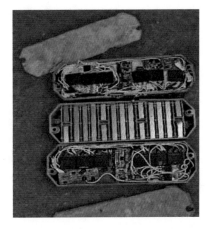

图 4 - 26　联合接线盒内加装遥控装置

检查人员随即对现场进行拍摄取证，并做了报警处理，在事实面前，该金属制品厂承认其非法用电行为，并表示愿意承担相关责任。

案例三：印刷厂加装带电子遥控的线路板使计量失准

1. 案例简介

2011 年 9 月 15 日，用电检查人员根据群众举报到某公司进行用电检查，发现该公司在配电变压器高压计量柜中的计量接线盒加接带电子遥控的线路板，同时用一条细铜线将低压参考表的计量接线盒中 C 相二次电流连接片短接使计量不准。

2. 检查过程

2011年9月15日，用电检查人员根据群众举报，于当日到某有限公司进行用电检查，发现该公司配电变压器（容量为1台1250kVA）的高压计量柜中的计量接线盒被人为改动内部结构，加接带电子遥控的线路板，造成计量失准。同时低压计量柜体封印被人为破坏，低压参考表的计量接线盒中C相二次电流连接片被人为用一条细铜线短接，造成分流，使计量装置不准。经测量，计量装置接线盒输出侧三相电流 I_a 为2.2A、I_b 为2.2A、I_c 为0.5A，接线盒输入侧三相电流均为2.2A，现场校验低压参考表误差 -31%。高压计量装置接线盒被人为加装电路板造成两相电流回路被分流，导致计费表慢行而少计电量。高计接线盒输出侧两相电流 I_a 为0.74A、I_c 为1.13A，接线盒输入侧两相电流 I_a 为1.54A、I_c 为1.60A，现场校验高计表误差 -32%。根据《供电营业规则》，当场对该公司作停电处理。当时高压计费电能表的抄见有功止码为4038.45，低压参考表的抄见有功止码为33742。

检查人员随即对现场进行拍摄取证，并做了报警处理，在事实面前，该公司承认其非法用电行为，并表示愿意承担相关责任。

现场封印被破坏和非法用电装置如图4-27所示。

(a)

(b)

图4-27　现场封印被破坏和非法用电装置（一）

（a）曾经用胶水粘贴封铅线的图片；（b）剪断后重新粘连的低压计量封铅

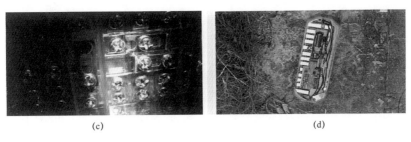

(c)　　　　　　　　　　　　　　(d)

图 4 - 27　现场封印被破坏和非法用电装置（二）

（c）以小铜丝短接的低压接线盒；（d）高压计量接线盒检查时拆出后砸开背面的遥控电子线路

案例四：纸品厂在电流互感器加装遥控装置分流非法用电

1. 案例简介

用电检查人员根据群众举报到某厂三站进行用电检查，发现用户在计费电能表内部电流互感器上安装了遥控装置（见图 4 - 28），并以此进行非法用电。

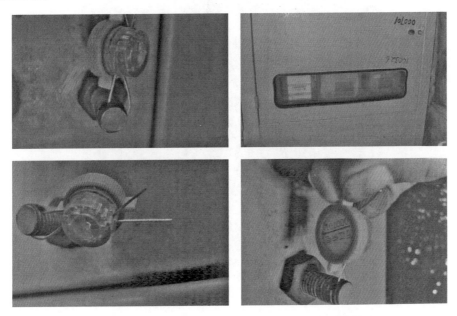

图 4 - 28　计费电能表内部电流互感器上被安装遥控装置

2. 检查过程

用电检查人员根据群众举报，于 2011 年 10 月 18 日到某厂三站进行用电检查，发现该用户配电变压器（容量为 1 台 400kVA）的计量柜的前门封印被人为破坏（见图 4 - 29），计费电能表的出厂封印被人伪造，参考机械有功表的表计封印均被人为破坏（见图 4 - 30），现场存在非法用电嫌疑。

图 4 - 29　现场计量柜封印被破坏和伪造

图 4 - 30　计费电能表封印被人为破坏和伪造

用电检查人员随即报当地公安机关并拍照取证，现场作停电处理，当时计费电能表抄见有功止码为 20241，参考表抄见有功止码 97424。会同用户将计费电能表送华南国家计量测试中心检定。

用户承认其非法用电行为，并表示愿意承担相关责任。

4.4.3.2　原理分析

加装控制装置主要包括加反向电流、分流和改变接线等方式，来达到故意使供电企业用电计量装置不准或者失效的目的。其特征一般比较隐蔽，可通过计量自动化系统异常报警或使用台区智能管理单元，进行分段测试和电量比对的方式，锁定此类用户。必要时更换、拆下相关计量器具，封存，送专业部门、单位检定，确定该用户非法用电行为。

4.4.3.3　查处要点

（1）系统筛选高损台区。

（2）主、副采集单元对变压器出线的三相电流进行采集。

（3）通过距离二分法将主、副采集单元分为线路 X1、X2，在分段点加装副采单元 1 个，进行计算。

（4）筛查计量自动化系统异常报警数据。

（5）档案资料核对（表类别、变比、局编、厂编）。

（6）检查电能计量装置外观，检查电能计量装置包括电能表、计量互感器及其二次回路是否缺失；状态是否良好，是否存在明显的被人为损坏的痕迹。

（7）二次回路接线检查。

（8）下载表计、负控终端一段时期内的运行数据、事件记录并进行分析。

（9）更换、拆下相关计量器具，封存，送专业部门、单位检定。

（10）现场查处，保留非法用电证据。

4.4.4 加装电子元件用电

4.4.4.1 案例介绍

<h3 style="text-align:center">案例一：果菜公司拆开表盖加装电子元件</h3>

1. 案例简介

计费核算人员根据电量、线损异常对比，发现某果菜公司用电异常，现场检查发现该用户在电能表内部加装电子元件进行非法用电。

2. 检查过程

2017 年 8 月，某供电局计费核算人员根据电量、线损异常比对，发现某公司用电异常，存在非法用电嫌疑。用电检查人员联合公安部门对该公司进行现场检查，发现两台变压器的电能表本体出厂铅封被破坏（见图 4-31），现场校验误差在－48.5％和－48.61％，拆开电能表本体表盖，发现电能表电路板被加装了电子元件（见图 4-32），从而造成计量误差。

检查人员对现场进行拍摄取证，在公安人员的见证和事实面前，该果菜公司承认其非法用电行为，并表示愿意承担相关责任。

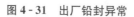
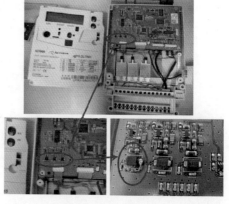

图 4-31　出厂铅封异常　　　图 4-32　电能表内部加装了非原厂电子元件

案例二：普通工业用户在电流回路加装电阻

1. 案例简介

用电检查人员根据公安机关查获非法用电团伙提供的信息对某公司进行用电检查，发现该用户在电能表内部计量电流回路加装非出厂电阻（见图 4-33），造成计量误差。

图 4-33　电能表内部被安装非出厂电阻

2. 检查过程

用电检查人员根据公安机关查获非法用电团伙提供的信息，于 2011 年 12 月 28 日联合公安机关，到某公司进行用电检查，发现该户配电变压器（容量为 1 台 125kVA）的计量柜封印和计费电能表的封印被人为破坏（见图 4-34）。现场测试二次电流：I_a 为 0.58A，I_b 为 0.66A、I_c 为 0.73A，电能表显示的二次电流：I_a 为 0.26A、I_b 为 0.05A、I_c 为 0.07A，比实际的二次电流少。经现场校验：计费电子表有功误差为 -76.3%，参考表有功误差为 -21.4%。用电脑读取计费电能表的事件记录，存在开盖记录。经电表厂家检查，确定内部计量电流回路被加装电子元件，造成计量误差。

公安机关对非法用电现场拍照取证，某供电局对该用户做出停电处理。当时计费电能表的抄见有功止码为 4265.25。现场拆除计费电能表由公安

图 4 - 34　用户现场封印被破坏

机关送华南国家计量测试中心检定。用户承认其非法用电行为，并愿意承担相关责任。

4.4.4.2　原理分析

加装电子元件非法用电主要通过加装电阻来进行分流，来达到故意使供电企业用电计量装置不准或者失效的目的。其特征一般比较隐蔽，可通过计量自动化系统异常报警或使用台区智能管理单元，进行分段测试和电量比对的方式，锁定此类用户。再通过档案资料核对（表类别、变比、局编、厂编），必要时更换、拆下相关计量器具，封存，送专业部门、单位检定，确定该用户非法用电行为。

4.4.4.3　查处要点

（1）系统筛选高损台区。

（2）主、副采集单元对变压器出线的三相电流进行采集。

（3）通过距离二分法将主、副采集单元分为线路 X1、X2，在分段点加装副采单元 1 个，进行计算。

（4）筛查计量自动化系统异常报警数据。

（5）档案资料核对（表类别、变比、局编、厂编）。

（6）电能计量装置外观检查电能计量装置（包括电能表、计量互感器及其二次回路）是否缺失；状态是否良好，是否存在明显的被人为损坏的痕迹。

（7）二次回路接线检查。

（8）下载表计、负控终端一段时期内的运行数据、事件记录并进行分析。

（9）更换、拆下相关计量器具，封存，送专业部门、单位检定。

（10）现场查处，保留非法用电证据。

4.4.5　更动接线盒连片

4.4.5.1　案例介绍

案例一：电子工厂短接电流连片

1. 案例简介

用电检查人员根据群众举报，发现某电子元件有限公司通过人为短接电能表的计量接线盒电流连接片，导致少计量。

2. 检查过程

用电检查人员接群众举报某电子元件有限公司有非法用电行为，计量自动化系统显示该用户电流和负荷有规律性突变（见图 4 - 35），但集中在周末期间（日常检查时用户负责人说周末工厂休息）。于 2011 年 11 月 17 日到某电子元件有限公司用电检查人员在工厂外围暗访，发现周末该工厂工人照常上班，设备加班加点运行。2011 年 11 月 24 日在该用户负荷曲线再次出现突变时，用电检查人员立即前往现场进行用电检查，发现该用户

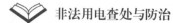

的电能计量柜封印被人开启，电能表接线端子盒三相的电流线圈均被短接
（见图4-36）。用电检查人员随即报警并对现场拍照取证，对该用户作停电
处理。当时计费电能表的抄见有功止码为16 448.77。现场拆回计费电能表
到局计量部门进行检测。用户承认其非法用电行为，并愿意承担相关责任。

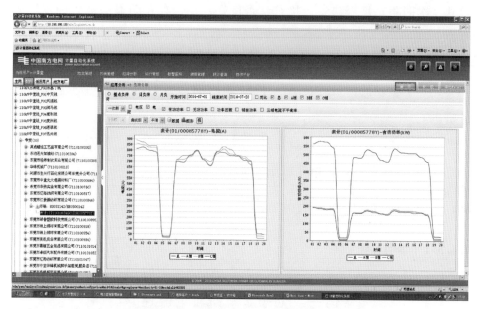

图4-35 系统显示该户负荷有规律突变

图4-36 电流线圈均被短接

4.4.5.2 原理分析

更动接线盒连片主要通过短接电流连片或断开电压连片方式，来达到故意使供电企业用电计量装置不准或者失效的目的。其特征相对比较明显，可通过计量自动化系统异常报警或使用台区智能管理单元，进行分段测试和电量比对的方式，锁定此类用户，再通过检查接线盒连接状态可发现。

4.4.5.3 查处要点

（1）系统筛选高损台区。

（2）主、副采集单元对变压器出线的三相电流进行采集。

（3）通过距离二分法将主、副采集单元分为线路 X1、X2，在分段点加装副采单元 1 个，进行计算。

（4）筛查计量自动化系统异常报警数据。

（5）检查电能计量装置外观，检查电能计量装置包括电能表、计量互感器及其二次回路是否缺失；状态是否良好，是否存在明显的被人为损坏的痕迹。

（6）接线盒连接状态。

（7）下载表计、负控终端一段时期内的运行数据、事件记录并进行分析。

（8）现场查处，保留非法用电证据。

4.4.6 查处流程

1. 检查前准备

（1）信息收集。通过实地查看、卫星地图等途径，了解厂区布置、配电房位置、通道情况以及外部环境，为现场检查做好准备。

（2）工具准备。工器具的准备以满足现场检查、取证的需要为原则。常用工器具包含尖嘴钳、平头钳、各种螺丝刀、验电笔、万用表、相位伏安表、钳表、用电检查仪、对讲机、数码相机、录像机。

2. 现场检查

（1）仪表检查法。

台区智能管理单元检查：

1）主、副采集单元安装（线路始末端）；

2）线路始末端实时电流值采集；

3）电流差值比对；

4）线路二分法进行分段，根据分段线损加装副采集单元；

5）不断进行线路分段，直到锁定非法用电户。

电能表检查：

1）将标准电能表与被测电能表同时接入被测电路；

2）在同一时间段共同计量电能，比较检查。

（2）直观检查法。检查电能计量装置外观，检查电能计量装置包括电能表、计量互感器及其二次回路是否缺失。

（3）电量检查法。实测用户负荷情况，计算用电量，然后与电能表的计量电能数据对照检查。

3. 证据取集

（1）确认实际非法用电点及其情况。

（2）对可用于证明客户非法用电行为的现场实际用电设备、器具等物品进行必要的拍照、摄像与登记。

（3）收集用户产品、产量、产值统计和产品单耗数据。

（4）收集可用于证明非法用电时间的相关信息材料。

（5）用户及第三方人员签名。

（6）收集专业试验、专项技术检定结论材料（后期）。

4. 非法用电告知

（1）出具《客户违约用电、窃电确认书》。

（2）要求用户（签名）书面确认非法用电事实。

4.4.7　整改与防范措施

（1）根据《供电营业规则》第一百零三条规定，对用户非法用电行为应予制止并可当场中止供电。

（2）非法用电者应按所非法用电量补交电费，并承担补交电费 3 倍的违约使用电费。拒绝承担非法用电责任的，供电企业应报请电力管理部门依法处理。非法用电数额较大或情节严重的，供电企业应提请司法机关依法追究刑事责任。

（3）业扩管理防治非法用电。签订《供用电合同》，约定非法用电条款，在供电方案、竣工验收环节核对用户图纸及现场接线情况，特别是隐蔽和半隐蔽工程位置，禁止暗藏支线和预留分支接口；核对电能计量装置，中途不得有分支或接口，事前防范非法用电。

（4）计量管理防治非法用电。建立和完善计量、封印台账，以便查验核对；实行定期效验和轮换制度；2 人或 2 人以上工作，同时仔细核对计量接线情况。

（5）抄核收防治非法用电。实行抄表考核制度，线路、台区线损指标考核具体到抄表责任人；刚性执行抄表轮换制度；日常抄表前，必须检查用电计量装置。

（6）用电检查防治非法用电。严格按照用电检查管理办法，定期对辖区内的用户开展用电检查。根据线路、台区线损情况，开展反非法用电专项检查。周期检查除对用户用电行为和设备进行检查外，应结合线路运维部门巡视计划，对线路进行巡视，防范绕越用电计量装置非法用电行为。

（7）使计量装置不准的非法用电手法一般较为隐蔽，应充分利用信息系统，利用计量自动化系统，对用户电压、电流、负荷情况，进行日常监控。利用线损四分法，每月跟踪线路、台区线损情况，实时监控线路、台区用电情况，对于高损线路和台区特别警惕，立即核实处理，避免出现非法用电行为。

（8）与公安机构联手行动。直接破坏的用户比较胆大无视法律法规，应与公安人员协同查处非法用电案件，让非法用电者感觉到事件的严重性，增加威慑力。通过公安部门追究刑事责任，标本兼治。

（9）建立举报和奖励制度。根据《供电营业规则》第一百零五条，供电企业对检举、查获非法用电或违约用电的有关人员应给予奖励。供电企业应拓宽举报渠道，如电话、微信、网站、邮件等方式，同时按照当地的奖励办法进行奖励。

（10）营造反非法用电社会氛围，坚守长效机制。加大宣传力度和广度，深入开展电力法律法规的宣传工作，营造强大的舆论氛围，培养全体社会成员依法用电意识。

4.5　擅自改变用电类别

4.5.1　擅自改变用电类别违约用电原理与特征

擅自改变用电类别违约用电原理，是指利用申报低价用电类别，装表接电后，实际接用高价用电设备，或高低价类别混用的行为，如工厂接居民用电、工厂宿舍与生产设备混合用电、酒店接居民用电、商业农庄接农业生产用电等。主要包括用电性质错误和多种用电性质混合用电。

4.5.2　用电性质错误

4.5.2.1　案例介绍

案例一：生产小作坊接居民用电

1. 案例简介

用电检查人员在用电检查中，发现某镇卢某居民用电性质作为工业生产小作坊用电，属在电价低的供电线路上，擅自接用电价高的用电设备或私自改变用电类别的违约用电行为。

2. 检查过程

用电检查人员于 2018 年 5 月 14 日到某镇卢某处进行用电检查，发现该户用电性质为居民生活用电，现场二楼为工业生产小作坊用电（见图4-37），属住宅和工业混合用电。存在"在电价低的供电线路上，擅自接用电价高的用电设备或私自改变用电类别"的违约用电行为。

图4-37　工业生产小作坊违约用电现场

现场楼高五层，房屋配置两个电表，一个三相20（80）A普通工业电表供一楼使用；另一个三相20（80）A住宅电表供二楼以上使用。清点二楼至五楼用电设备总容量：57.41kW，二楼作工业用电，清点用电设备为44.4kW；三楼至五楼作员工宿舍用电，清点用电设备13.01kW。

检查人员立即对现场进行了拍摄取证，现场将二楼工业生产小作坊用电接到普通工业电表上使用，勘查该用户设备总容量为57.41kW，其中住宅部分为13.01kW，违约用电设备总容量为44.4kW，当时计费电能表有功止码为214 758.91。

该户承认违约用电事实并愿意承担相关责任。

案例二：商务旅馆接居民用电

1. 案例简介

用电检查人员在用电检查中发现某镇蔡某居民用电性质作为商务旅馆用电，属于在电价低的供电线路上，擅自接用电价高的用电设备或私自改变用电类别的违约用电行为。

2. 检查过程

用电检查人员于 2017 年 4 月 6 日到某镇蔡某处进行用电检查，发现该户用电性质为居民生活用电，现场为商务旅馆用电（见图 4-38）。存在"在电价低的供电线路上，擅自接用电价高的用电设备或私自改变用电类别"的违约用电行为。

图 4-38 某商务旅馆违约用电现场

检查人员立即对现场进行了拍摄取证，现场对违约用电设备部分做出停电处理，经核查，现场违约用电设备容量为 39kW，当时计费电表有功止码为 996587。该户承认违约用电事实并愿意承担相关责任。

4.5.2.2 原理分析

用电性质错误违约用电是指利用申报低价用电类别，装表接电后实际接用高价用电设备，一般特征明显，用电检查人员可根据系统用电性质与现场用电性质比对，发现该违约用电行为。

4.5.2.3 查处要点

（1）梳理本地区用电量大的低电价用户清单。

（2）定期对低电价用户进行用电性质检查。

（3）现场查处时，需保留违约用电证据和登记违约用电设备容量。

4.5.3 多种用电性质混合违约用电

4.5.3.1 案例介绍

案例一：商业农庄接农业生产用电

1. 案例简介

2017 年 5 月 23 日，用电检查人员对某镇赤岭某股份经济合作社（农田）进行用电检查，发现该用户部分用作农庄（餐饮）用电，属于在电价低的供电线路上，擅自接用电价高的用电设备或私自改变用电类别的违约用电行为。

2. 检查过程

用电检查人员于 2017 年 5 月 23 日到某镇赤岭某股份经济合作社（农田）进行用电检查，发现计费表营销系统档案用电性质是农业生产，现场部分用作农庄（餐饮）用电（见图 4 - 39），属商业与农业生产混合用电。属于在电价低的供电线路上，擅自接用电价高的用电设备或私自改变用电类别的违约用电行为。

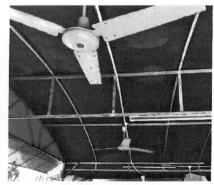

图 4 - 39 现场用作农庄（餐饮）违约用电现场图片

检查人员立即对现场进行了拍摄取证和报警处理，现场对该用户违约用电部分中止用电，现场勘查该用户违约用电设备总容量为 5.955kW，当时计费电能表有功止码为 53738。该户承认违约用电事实并愿意承担相关责任。

<h2 style="text-align:center">案例二：办公试验室接居民用电</h2>

1. 案例简介

用电检查人员在用电检查中，发现某药物研发有限公司为居民用电性质用作办公用电和实验室用电，属于在电价低的供电线路上，擅自接用电价高的用电设备或私自改变用电类别的违约用电行为。

2. 检查过程

用电检查人员于 2018 年 6 月 27 日到某药物研发有限公司进行用电检查，营销系统档案用电性质是居民用电，现场部分用作办公用电和实验室用电，存在居民住宅与办公楼混合用电行为（见图 4-40）。属于在电价低的供电线路上，擅自接用电价高的用电设备或私自改变用电类别的违约用电行为。

检查人员立即对现场进行了拍摄取证，因现场实验室需保证不间断供电，所以现场未采取强制停电处理。

该户承认违约用电事实并愿意承担相关责任。

4.5.3.2 原理分析

多种性质混合用电指不法分子利用低电价性质的用户形式向供电企业申请用电，装表接电后，接高电价设备用电。与单纯的用电性质错误不同的是，低电价性质（如居民用电、农田用电等）和高电价性质（如商用、办公等）混合使用，相对单纯用电性质错误较隐蔽，需跟踪设备和线路的接线情况，根据系统用电性质与现场用电性质比对，发现该违约用电行为。

4.5.3.3 查处要点

（1）梳理本地区用电量大的低电价用户清单。

图4-40 现场部分办公用电和实验室违约用电现场图片

（2）定期对低电价用户进行用电性质检查。

（3）现场查处时，需严谨跟踪线路走向，核查设备与用电性质是否对应。

4.5.4 查处流程

1. 检查前准备

（1）信息收集。通过实地查看、卫星地图等途径，了解待检查区域位置，根据用户登记信息了解带检查区域用电性质，为现场检查做好准备。

（2）工具准备。工器具的准备以满足现场检查、取证的需要为原则。常用工器具包含尖嘴钳、平头钳、各种螺钉旋具、验电笔、万用表、相位伏安表、钳表、用电检查仪、对讲机、数码相机、录像机。

2. 现场检查

对这类违约用电行为的检查一般采用直观检查法。

（1）检查用户与供电企业签订的《供用电合同》约定的用电性质。

（2）根据用户的现场用电性质，检查是否有高价低接行为。

3．证据取集

（1）确认实际违约用电部分及其情况。

（2）对可用于证明用户违约用电行为的现场实际用电设备、器具等物品进行必要的拍照、摄像与登记。

（3）收集用户产品、产量、产值统计和产品单耗数据。

（4）收集可用于证明违约用电时间的相关信息材料。

（5）用户及第三方人员签名。

4．违约用电告知

（1）出具《客户违约用电、窃电确认书》。

（2）要求用户（签名）书面确认非法用电事实。

4.5.5　整改与防范措施

（1）根据《供电营业规则》第一百条，擅自接用电价高的用电设备或私自改变用电类别的，应按实际使用日期补交其差额电费，并承担两倍差额电费的违约使用电费。使用起讫日期难以确定的，实际使用时间按三个月计算。

（2）对于高价低接行为，应拆除高电价设备接线，若用户需继续使用，应办理新装流程，接入相应用电性质的计量装置。

（3）业扩管理方面。签订《供用电合同》，约定违约用电条款，在供电方案、竣工验收环节核对用户图纸及现场接线情况，特别是隐蔽和半隐蔽工程位置，禁止暗藏支线和预留分支接口；核对电能计量装置，中途不得有分支或接口，事前防范高价低接。

（4）抄核收方面。实行抄表考核制度，将高价低接责任具体到抄表责任人；刚性执行抄表轮换制度；日常抄表前，必须检查用户用电性质。

（5）用电检查方面。优化常态检查机制，目前的用电检查管理办法，用电检查周期的检查侧重于对高压用户检查，0.4kV居民用户和其他每年仅按不低于 1% 和 5% 的比例进行抽查，检查频率远远低于高压用户，由于低压用户容易改装，部分用户在利益的驱使下，利用不同用电性质不同电价的空子，进行高价低接。建议提高低电价用户检查频次，实行抄表核算用电检查的联动检查，如：① 两月用电量 6 万 kWh 及以上居民用户每季度进行检查。② 两月用电量 4 万 kWh 及以上居民用户每半年检查一次。③ 两月用电量 2 万 kWh 及以上居民、农业、稻田排灌用户每年检查一次。

（6）建立举报和奖励制度。根据《供电营业规则》第一百零五条，供电企业对检举、查获非法用电或违约用电的有关人员应给予奖励。供电企业应拓宽举报渠道，如电话、微信、网站、邮件等方式，同时按照当地的奖励办法进行奖励。

（7）营造依法用电社会氛围，坚守长效机制。加大宣传力度和广度，深入开展电力法律法规的宣传工作，营造强大的舆论氛围，培养全体社会成员依法用电意识。

4.6　擅自超合同约定的容量用电

4.6.1　擅自超合同约定的容量违约用电原理与特征

擅自超合同约定的容量违约用电，是指实际装见容量超过合同约定容量的行为。

4.6.2　擅自超合同约定的容量违约用电

4.6.2.1　案例介绍

案例一：工厂擅自更换大容量变压器用电

1. 案例简介

用电检查人员在用电检查中发现，某纤维科技有限公司合约容量为

160kVA，现场变压器实际容量为 250kVA，属于擅自超过合同约定用电容量的违约用电行为。

2. 检查过程

用电检查人员于 2014 年 9 月 17 日到某纤维科技有限公司进行用电检查，发现该用户合同约定用电容量为 160kVA，现有变压器实际容量为 250kVA（见图 4-41）。属于"擅自超过合同约定用电容量用电"的违约用电行为。检查人员立即对现场进行了拍摄取证和报警处理。

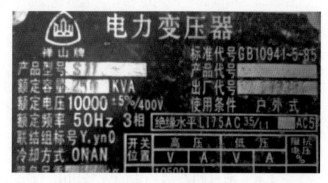

图 4-41 报装容量为 160kVA，现场容量为 250kVA 的变压器铭牌

该公司负责人承认违约用电事实并愿意承担相关责任。

4.6.2.2 原理分析

用户在向供电企业申请用电时，申请较小容量用电，但实际使用时，接入了比申请容量更大的设备进行用电，这种违约用电行为会对电网造成用电安全隐患，同时大工业用户通过此类做法规避部分基本电费。用电检查人员可通过日常检查或对大电量用户进行监控，可发现此类问题用户。

4.6.2.3 查处要点

（1）筛选当月用电量大于"用户总计费容量×24 小时×30 天"的用户。

（2）核查用户设备装见容量与计量容量是否匹配。

（3）现场查处，保留违约用电证据，必要时送专业部门、单位检定。

4.6.3　查处流程

1. 检查前准备

（1）信息收集。通过实地查看、卫星地图等途径，了解厂区布置、配电房位置、通道情况以及外部环境、用户用电量及负荷数据，为现场检查做好准备。

（2）工具准备。工器具的准备以满足现场检查、取证的需要为原则。常用工器具包含尖嘴钳、平头钳、各种螺丝刀、验电笔、万用表、相位伏安表、钳表、用电检查仪、变压器容量测试仪、对讲机、数码相机、录像机。

2. 现场检查

（1）直观检查法。

1）核查用户与供电企业签订《供用电合同》的合同容量；

2）核查用户设备铭牌信息是否与合同对应。

（2）仪表检查法。

1）通过变压器容量测试仪检测设备容量；

2）送专业部门/单位检定，获取设备容量信息。

3. 证据取集

（1）确认实际违约用电部分及其情况。

（2）对可用于证明用户违约用电行为的现场实际用电设备、器具等物品进行必要的拍照、摄像与登记。

（3）收集用户产品、产量、产值统计和产品单耗数据。

（4）收集可用于证明违约用电时间的相关信息材料。

（5）用户及第三方人员签名。

（6）收集专业试验、专项技术检定结论材料（后期）。

4. 违约用电告知

（1）出具《客户违约用电、窃电确认书》。

（2）要求用户（签名）书面确认非法用电事实。

4.6.4 整改与防范措施

（1）根据《供电营业规则》第一百条，私自超过合同约定的容量用电的，属于两部制电价的用户，应补交私增设备容量使用月数的基本电费，并承担 3 倍私增容量基本电费的违约使用电费；其他用户应承担私增容量每千瓦（千伏安）50 元的违约使用电费。

（2）对于私自超过合同约定的容量用电行为，应拆除私增容设备，进行违约用电处理后，如用户要求继续使用者，按新装增容办理手续。

（3）业扩管理方面。签订《供用电合同》，约定违约用电条款，在供电方案、竣工验收环节核对用户图纸及现场接线情况，特别是隐蔽和半隐蔽工程位置，禁止暗藏支线和预留分支接口；核对电能计量装置，中途不得有分支或接口，事前防范超容量用电。

（4）抄核收方面。刚性执行抄表轮换制度；日常抄表前，必须检查用户超容量用电情况。

（5）用电检查方面。严格按照用电检查管理办法，定期对辖区内的用户开展用电检查。根据每月电量比较（是否大于合同容量×24 小时×30 天）和计量自动化用户负荷情况，开展专项检查，防范超容量用电行为。

（6）建立举报和奖励制度。根据《供电营业规则》第一百零五条，供电企业对检举、查获窃电或违约用电的有关人员应给予奖励。供电企业应拓宽举报渠道，如电话、微信、网站、邮件等方式，同时按照当地的奖励办法进行奖励。

（7）营造依法用电社会氛围，坚守长效机制。加大宣传力度和广度，深入开展电力法律法规的宣传工作，营造强大的舆论氛围，培养全体社会成员依法用电意识。

4.7　擅自超过计划分配的用电指标用电

4.7.1　擅自超过计划分配的用电指标违约用电原理与特征

擅自超过计划分配的用电指标是指用户在用电时，超过分配的用电容量用电。目前这种情况通常发生在实施有序用电期间。

4.7.2　擅自超过计划分配的用电指标违约用电

4.7.2.1　案例介绍

案例一：电子厂超计划分配用电

1. 案例简介

用电检查人员在变电站检修期间发现某电子厂负荷超过计划分配的用电指标。

2. 检查过程

港区变电站检修，全站用户实施有序用电期间，根据有序用电方案（用户版），有序用电期间某电子厂分配的用电指标为 200kW，用电检查人员发现某电子厂在负荷高峰期负荷值为 820kW，远大于有序用电分配的用电指标值，用电检查员到现场检查，发现该用户除了保温负荷外，仍继续开动生产机器，导致超过有序用电分配的用电指标。经了解该用户有用户要求当天交货，用户急于交货因此不顾有序用电规定的分配用电指标值直接生产。

用电检查人员在用户陪同下，对现场进行了测量及拍照取证，根据负荷系统、用户陈述，用户违约用电时长为 2h，根据系统记录，起始违约表码为 2601.59，结束违约用电表码为 2603.22，用户记录装置变比为 1000 倍。

用户承认其行为属于违约用电行为，并表示愿意承担相关违约责任。

4.7.2.2　原理分析

目前用电"卡脖子"的情况较少发生，擅自超过计划分配的用电指标违约用电通常发生在实施有序用电期间，用户超期间用电指标。

4.7.2.3　查处要点

（1）在实施有序用电期间，严格监控用电情况。

（2）对辖区用电户的计划分配容量比较清晰。

（3）现场查处，保留违约用电证据。

4.7.3　查处流程

1. 检查前准备

（1）信息收集。通过实地查看、卫星地图等途径，了解厂区布置、配电房位置、通道情况以及外部环境，为现场检查做好准备。

（2）工具准备。工器具的准备以满足现场检查、取证的需要为原则。常用工器具包含尖嘴钳、平头钳、各种螺钉旋具、验电笔、万用表、相位伏安表、钳表、用电检查仪、对讲机、数码相机、录像机。

2. 现场检查

（1）检查用户是否与供电企业签订《有序用电协议》及其用电指标。

（2）现场测量用户用电情况。

3. 证据取集

（1）确认实际违约用电部分及其情况。

（2）对可用于证明用户违约用电行为的现场实际用电设备、器具等物品进行必要的拍照、摄像与登记。

（3）收集用户产品、产量、产值统计和产品单耗数据。

（4）收集可用于证明违约用电时间的相关信息材料。

（5）用户及第三方人员签名。

（6）收集专业试验、专项技术检定结论材料（后期）。

4. 违约用电告知

（1）出具《客户违约用电、窃电确认书》。

（2）要求用户（签名）书面确认非法用电事实。

4.7.4　整改与防范措施

（1）根据《供电营业规则》第一百条，擅自超过计划分配的用电指标的，应承担高峰超用电力每次每千瓦 1 元和超用电量与现行电价电费 5 倍的违约使用电费。

（2）责令立即停止违约用电行为，严格按照计划分配用电指标，并对用户进行违约用电法规教育。

（3）业扩管理方面。签订《供用电合同》，约定违约用电条款，事前防范擅自超过计划分配的用电指标的。

（4）用电检查方面。严格按照用电检查管理办法，根据最新的计划用电指标，对指标辖区内的用户开展用电检查。

（5）建立举报和奖励制度。根据《供电营业规则》第一百零五条，供电企业对检举、查获窃电或违约用电的有关人员应给予奖励。供电企业应拓宽举报渠道，如电话、微信、网站、邮件等方式，同时按照当地的奖励办法进行奖励。

（6）营造依法用电社会氛围，坚守长效机制。加大宣传力度和广度，深入开展电力法律法规的宣传工作，营造强大的舆论氛围，培养全体社会成员依法用电意识。

4.8　擅自使用已在供电企业办理暂停手续的电力设备或启用电力企业封存的电力设备

4.8.1　擅自使用已在供电企业办理暂停手续的电力设备或启用电力企业封存的电力设备违约用电原理与特征

擅自使用已在供电企业办理暂停手续的电力设备或启用电力企业封存

的电力设备违约用电原理,是指用户未经供电企业许可,使用已办理暂停或封存的设备的用电行为。一般包含擅自使用已在供电企业办理暂停手续的电力设备用电和擅自启用电力企业封存的电力设备用电两种行为。

4.8.2 擅自使用已在供电企业办理暂停手续的电力设备用电

4.8.2.1 案例介绍

案例一:玻璃厂擅自使用暂停变压器用电

1. 案例简介

用电检查人员对某玻璃生产厂进行周期性检查中,发现用户擅自使用已暂停的变压器(共 1000kVA),该用户属于"擅自使用已在供电企业办理暂停手续的电力设备"的违约行为。

2. 检查过程

某玻璃生产厂报装容量 17 500kVA,共 16 台变压器,高供高计大工业用电,基本电费按报装容量计算,因生产需要,2019 年 12 月 27 日该厂申请办理了 3 台 1000kVA 的变压器暂停,2020 年 4 月 13 日,用电检查人员对该厂进行周期性检查中,发现用户擅自使用已暂停的变压器中的 1 台(共 1000kVA)。根据用户负荷变化信息、用户提供的订单信息、工人上班信息等,确认用户违约行为从 2020 年 3 月 1 日~4 月 13 日。

用电检查人员在用户陪同下,对现场进行了测量及拍照取证,现场清点确认违约使用容量为 1000kVA。

用户承认其行为属于违约用电行为,并表示愿意承担相关违约责任。

4.8.2.2 原理分析

此类违约用电行为,是指用户未经供电企业许可,使用已在供电企业办理暂停的设备进行用电行为。通过计量自动化系统召测,可准确发现此类问题用户。

4.8.2.3 查处要点

（1）梳理辖区内暂停用户清单。

（2）通过计量自动化系统召测暂停用户用电情况。

4.8.3 擅自启用电力企业封存的电力设备违约用电

4.8.3.1 案例介绍

案例一：皮革厂擅自启用封存的电力设备用电

1. 案例简介

某皮革生产厂因私自增容，1台400kVA的变压器被封存。用电检查人员发现该厂私自启用该封存电压器，属于"擅自启用供电企业封存的电力设备的"违约用电行为。

2. 检查过程

某皮革生产厂报装容量800kVA，共1台变压器，高供高计大工业用电，基本电费按报装容量计算。因生产需要，用户购买了1台400kVA的变压器直接挂接在备用出线柜上运行，2020年1月13日，用电检查人员对该用户私增变压器容量进行查处并封存该变压器。2020年4月6日，用电检查员在查看用户负荷信息时发现该用户实时负荷值达到1000kW，组织现场检查发现用户私自启用私增容被封存的400kVA的变压器。根据用户负荷变化信息、用户提供的订单信息、工人上班信息等，确认用户违约行为从2020年3月2日～2020年4月13日。

用电检查人员在用户陪同下，对现场进行了测量及拍照取证。用户承认其行为属于违约用电行为，并表示愿意承担相关违约责任。

4.8.3.2 原理分析

此类违约用电行为，是指用户未经供电企业许可，使用被供电企业封存的设备进行用电行为。通过计量自动化系统召测，可准确发现此类问题用户。

4.8.3.3 查处要点

(1) 梳理辖区内被封存设备用户清单。

(2) 通过计量自动化系统召测该用户用电情况。

(3) 核查用户用电量是否增加。

4.8.4 查处流程

1. 检查前准备

(1) 信息收集。通过实地查看、卫星地图等途径，了解厂区布置、配电房位置、通道情况以及外部环境，收集辖区内暂停用户清单、计量自动化系统召测用户用电情况，为现场检查做好准备。

(2) 工具准备。工器具的准备以满足现场检查、取证的需要为原则。常用工器具包含尖嘴钳、平头钳、各种螺钉旋具、验电笔、万用表、相位伏安表、钳表、用电检查仪、对讲机、数码相机、录像机。

2. 现场检查

(1) 核查用户暂停、封存工单期限及内容。

(2) 检查计量自动化系统召测用户用电情况。

(3) 核查用户用电量变化。

(4) 现场观察用户用电情况。

3. 证据取集

(1) 确认实际违约用电部分及其情况。

(2) 对可用于证明用户违约用电行为的现场实际用电设备、器具等物品进行必要的拍照、摄像与登记。

(3) 收集用户产品、产量、产值统计和产品单耗数据。

(4) 收集可用于证明违约用电时间的相关信息材料。

(5) 用户及第三方人员签名。

(6) 收集专业试验、专项技术检定结论材料（后期）。

4. 违约用电告知

（1）出具《客户违约用电、窃电确认书》。

（2）要求用户（签名）书面确认非法用电事实。

4.8.5　整改与防范措施

（1）根据《供电营业规则》第一百条，擅自使用已在供电企业办理暂停手续的电力设备或启用供电企业封存的电力设备的，应停用违约使用的设备。属于两部制电价的用户，应补交擅自使用或启用封存设备容量和使用月数的基本电费，并承担 2 倍补交基本电费的违约使用电费；其他用户应承担擅自使用或启用封存设备容量每次每千瓦（千伏安）30 元的违约使用电费。启用属于私增容被封存的设备的，违约使用者还应承担私增容的违约责任。

（2）业扩管理方面。签订《供用电合同》，约定违约用电条款，事前防范擅自使用已在供电企业办理暂停手续的电力设备或启用供电企业封存的电力设备的行为。

（3）抄核收防治非法用电。刚性执行抄表轮换制度；日常抄表前，必须检查现场用电情况。

（4）用电检查方面。严格按照用电检查管理办法，定期对辖区内的用户开展用电检查。根据每月电量比较（是否大于合同容量×24 小时×30 天）和计量自动化用户负荷情况，开展专项检查，防范擅自启用的违约用电行为。

（5）建立举报和奖励制度。根据《供电营业规则》第一百零五条，供电企业对检举、查获窃电或违约用电的有关人员应给予奖励。供电企业应拓宽举报渠道，如电话、微信、网站、邮件等方式，同时按照当地的奖励办法进行奖励。

（6）营造依法用电社会氛围，坚守长效机制。加大宣传力度和广度，深入开展电力法律法规的宣传工作，营造强大的舆论氛围，培养全体社会成员依法用电意识。

4.9 私自迁移、更动和擅自操作供电企业的用电计量装置、电力负荷管理装置、供电设施以及约定由电力企业调度的用户受电设备

4.9.1 私自迁移、更动和擅自操作供电企业的用电计量装置、电力负荷管理装置、供电设施以及约定由电力企业调度的用户受电设备违约用电原理与特征

私自迁移、更动和擅自操作供电企业的用电计量装置、电力负荷管理装置、供电设施以及约定由电力企业调度的用户受电设备原理，是指用户在用电过程中，未经供电企业允许，擅自迁移、更动和操作用电计量装置、电力负荷管理装置等设备。

4.9.2 私自迁移供电企业的用电计量装置

4.9.2.1 案例介绍

案例一：居民擅自拆下电能计量装置用电

1. 案例简介

低压居民用户因建房需要，擅自将安装于墙上的电表箱（连同电能表）拆下放在一边，属于"私自迁移、更动供电企业的用电计量装置"的违约用电行为。

2. 检查过程

2020 年 6 月 8 日，用电检查员在周期检查中发现用户林某的电能表不见了，联系到林某，经了解，林某为低压居民用户，因建房需要，林某擅

自将安装于墙上的电表箱（连同电能表）擅自拆下，放置一边，想着房子建好后重新安装上墙用电。2020年6月8日，用电检查员在周期检查中发现用户电能表不见了，询问下才知道是用户擅自将电能表拆下来。

用电检查人员在用户陪同下，对现场进行了测量及拍照取证。用户承认其行为属于违约用电行为，并表示愿意承担相关违约责任。

4.9.2.2　原理分析

此类违约用电行为主要是未经供电企业允许，擅自将供电企业的用电计量装置迁移位置，这类行为容易引起用电安全事故，需引起重视。

4.9.2.3　查处要点

（1）核查用户用电计量装置安装资料记录。

（2）现场核对用户用电计量装置安装位置。

4.9.3　私自更动和擅自操作供电企业的用电计量装置

4.9.3.1　案例介绍

案例一：塑料厂擅自更动计量装置用电

1. 案例简介

该工厂因小动物导致厂内跳闸，厂长为了马上恢复生产用电，擅自将高压计量柜封印线剪断处理导致跳闸的小动物后合上计量柜。该行为属于"私自迁移、更动或擅自操作供电企业的用电计量装置"的违约用电行为。

2. 检查过程

2020年6月8日，用电检查员在周期检查中发现某大工业用户塑胶制造厂的计量柜封印被剪断，在排除了非法用电行为后，确定因其防小动物措施不得当，一只小老鼠爬进高压计量柜导致其厂内跳闸。厂方为了尽快恢复生产，在没有通知供电局的情况下，擅自打开高压计量柜封印，取出导致跳闸的小老鼠后，合上计量柜并将封印挂在原位置上。

用电检查人员在用户陪同下，对现场进行了测量及拍照取证。用户承认其行为属于违约用电行为，并表示愿意承担相关违约责任。

4.9.3.2 原理分析

此类违约用电行为是指在未经供电企业允许的情况下，擅自更动和操作用电计量装置，该行为并未对电量计量造成影响，但存在较大安全风险。

4.9.3.3 查处要点

（1）核查用户用电计量装置资料记录（包括资产编号、安装位置、封印编号）。

（2）现场核对用户用电计量装置情况（包括资产编号、安装位置、封印状态及编号）。

4.9.4 查处流程

1. 检查前准备

（1）信息收集。通过实地查看、卫星地图等途径，了解辖区情况以及外部环境，为现场检查做好准备。

（2）工具准备。工器具的准备以满足现场检查、取证的需要为原则。常用工器具包含尖嘴钳、平头钳、各种螺钉旋具、验电笔、万用表、相位伏安表、钳表、用电检查仪、对讲机、数码相机、录像机。

2. 现场检查

（1）核查用户用电计量装置资料记录（包括资产编号、安装位置、封印编号）。

（2）现场核对用户用电计量装置情况（包括资产编号、安装位置、封印状态及编号）。

3. 证据取集

（1）确认实际违约用电部分及其情况。

（2）对可用于证明用户违约用电行为的现场实际用电设备、器具等物品进行必要的拍照、摄像与登记。

（3）收集用户产品、产量、产值统计和产品单耗数据。

（4）收集可用于证明违约用电时间的相关信息材料。

（5）用户及第三方人员签名。

（6）收集专业试验、专项技术检定结论材料（后期）。

4. 违约用电告知

（1）出具《客户违约用电、窃电确认书》。

（2）要求用户（签名）书面确认非法用电事实。

4.9.5 整改与防范措施

（1）根据《供电营业规则》第一百条，私自迁移、更动和擅自操作供电企业的用电计量装置、电力负荷管理装置、供电设施以及约定由供电企业调度的用户受电设备者，属于居民用户的，应承担每次 500 元的违约使用电费；属于其他用户的，应承担每次 5000 元的违约使用电费。

（2）业扩管理方面。签订《供用电合同》，约定违约用电条款，事前防范私自迁移、更动或操作用电计量装置行为。

（3）抄核收防治非法用电。刚性执行抄表轮换制度；日常抄表前，必须检查现场用电情况。

（4）用电检查方面。严格按照用电检查管理办法，定期对辖区内的用户开展用电检查。

（5）建立举报和奖励制度。根据《供电营业规则》第一百零五条，供电企业对检举、查获窃电或违约用电的有关人员应给予奖励。供电企业应拓宽举报渠道，如电话、微信、网站、邮件等方式，同时按照当地的奖励办法进行奖励。

（6）营造依法用电社会氛围，坚守长效机制。加大宣传力度和广度，深入开展电力法律法规的宣传工作，营造强大的舆论氛围，培养全体社会成员依法用电意识。

4.10 未经供电企业同意，擅自引入（供出）电源或将备用电源和其他电源私自并网

4.10.1 未经供电企业同意，擅自引入（供出）电源或将备用电源和其他电源私自并网违约用电原理与特征

未经供电企业同意，擅自引入（供出）电源或将备用电源和其他电源私自并网包括将电源私自转供给其他用户或将其他电源私自并入电网的行为。

4.10.2 擅自引入（供出）电源违约用电

4.10.2.1 案例介绍

案例一：厂房擅自转供电

1. 案例简介

用电检查人员在用电检查过程中发现某厂房存在私自转供电给某纸业有限公司宿舍、监控及照明用电，属于"未经供电企业同意，擅自引入（供出）电源"违约用电行为。

2. 检查过程

用电检查人员 2020 年 1 月 2 日执行周期性检查计划中发现某户报装的用电性质为公线专用变压器普通工业用户，该用户有一条小电缆从电房窗户拉出至厂外，在用户的陪同下，经用电检查人员巡线发现该供出线路实为转供电至旁边厂房的门卫及监控用电，并自行安装电能表计算转供电用电量（见图 4-42），存在未经供电企业同意，擅自引入（供出）电源或将备用电源和其他电源私自并网的违约用电行为。

用电检查人员在用户陪同下，对现场进行了拍照取证，现场清点违约用电设备总容量 0.855kW。

图 4-42 工业厂房擅自拉线供出，用户自行安装电能表计算转供电量

用户承认其行为属于违约用电行为，并表示愿意承担相关违约责任。

4.10.2.2 原理分析

此类违约用电行为是指在未经供电企业允许的情况下，擅自引入或供出用电，该行为可能使用非供电企业核准的用电计量装置，且增加了用电安全风险。

4.10.2.3 查处要点

擅自引入（供出）电源违约用电跟踪用户线路走向，是否存在外接线路的情况。

4.10.3 擅自将备用电源和其他电源私自并网违约用电

4.10.3.1 案例介绍

案例一：工业用户私自将光伏并网

1. 案例简介

用电检查人员到普通工业用户，现场检查发现该用户存在将光伏发电电源私自并网的违约行为。属"未经供电企业同意，擅自引入（供出）电源或将备用电源和其他电源私自并网"的违约用电行为。

2. 检查过程

用电检查人员 2020 年 4 月 23 日执行停电检修巡检时发现该用户仍在生产，在用户的陪同下，用电检查人员发现该用户已安装光伏发电装置，容量 25kW，且直接将光伏发电装置擅自并网发电使用，存在未经供电企业同意，擅自引入（供出）电源或将备用电源和其他电源私自并网的违约用电行为。

用电检查人员在用户陪同下，对现场进行了拍照取证，现场清点违约用电设备总容量 25kW。

用户承认其行为属于违约用电行为，并表示愿意承担相关违约责任。

4.10.3.2 原理分析

此类违约用电行为是指在未经供电企业允许的情况下，擅自将备用电源或其他电网并入供电企业电网，扰乱电网安全。

4.10.3.3 查处要点

（1）线路或台区范围内电能质量是否有较大波动。

（2）根据现场情况，检查发现是否存在有发电装置。

4.10.4 查处流程

1. 检查前准备

（1）信息收集。通过实地查看、卫星地图等途径，了解辖区情况以及外部环境，为现场检查做好准备。

（2）工具准备。工器具的准备以满足现场检查、取证的需要为原则。常用工器具包含尖嘴钳、平头钳、各种螺钉旋具、验电笔、万用表、相位伏安表、钳表、用电检查仪、对讲机、数码相机、录像机。

2. 现场检查

（1）现场观察检查是否被非法接线、存在发电装置；

（2）检查用户是否与供电企业签订有《供用电合同》、相关协议或已经与供电企业形成了事实上的合法供用电关系。

3. 证据取集

（1）确认实际违约用电部分及其情况。

（2）对可用于证明用户违约用电行为的现场实际用电设备、器具等物品进行必要的拍照、摄像与登记。

（3）收集用户产品、产量、产值统计和产品单耗数据。

（4）收集可用于证明违约用电时间的相关信息材料。

（5）用户及第三方人员签名。

（6）收集专业试验、专项技术检定结论材料（后期）。

4. 违约用电告知

（1）出具《客户违约用电、窃电确认书》。

（2）要求用户（签名）书面确认非法用电事实。

4.10.5　整改与防范措施

（1）根据《供电营业规则》第一百条，未经供电企业同意，擅自引入（供出）电源或将备用电源和其他电源私自并网的，除当即拆除接线外，应承担其引入（供出）或并网电源容量每千瓦（千伏安）500 元的违约使用电费。

（2）业扩管理方面。签订《供用电合同》，约定违约用电条款，事前防范擅自引入（供出）电源或将备用电源和其他电源私自并网的违约用电行为。

（3）抄核收防治非法用电。刚性执行抄表轮换制度；日常抄表前，必须检查现场用电情况。

（4）用电检查方面。严格按照用电检查管理办法，定期对辖区内的用户开展用电检查。根据每月电量比较（是否大于合同容量×24 小时×30天）和计量自动化用户负荷情况，开展专项检查，防范擅自引入（供出）

电源或将备用电源和其他电源私自并网的违约用电行为。

（5）建立举报和奖励制度。根据《供电营业规则》第一百零五条，供电企业对检举、查获窃电或违约用电的有关人员应给予奖励。供电企业应拓宽举报渠道，如电话、微信、网站、邮件等方式，同时按照当地的奖励办法进行奖励。

（6）营造依法用电社会氛围，坚守长效机制。加大宣传力度和广度，深入开展电力法律法规的宣传工作，营造强大的舆论氛围，培养全体社会成员依法用电意识。

结　　语

　　唐代韩愈的《进学解》有云，"业精于勤荒于嬉，行成于思毁于随"。反非法用电与违约用电是一个对知识、经验、思维都具备较大挑战性的工作，持续性的学习与总结是提升反非法用电与违约用电能力的必由之路。因此，对非法用电及违约用电防范管理体系的不断完善，以及相关案例的不断丰富，将是我们电力工作者的长期性命题，值得我们长期研究。